农村小型水利工程典型设计图集

节水灌溉工程

湖南省水利厅 组织编写

湖南省水利水电科学研究院 编写

中国水利水电出版社

www.waterpub.com.cn

·北京·

内 容 提 要

本分册为《农村小型水利工程典型设计图集》的渠系及渠系建筑物工程和高效节水灌溉工程等2部分。着重阐述了湖南省农村小型水利工程中主要灌排工程的设计基本理论、结构设计、主要施工工艺等基本知识。通过现浇灌排渠道及预制混凝土装配式渠道的设计、施工等方面介绍了节水灌溉工程的典型设计方案。

本分册可作为从事农村小型水利工程设计、管理工作的相关单位及个人的参考用书，也可供从事装配式构件设计等方面的相关工作人员参考。

图书在版编目（CIP）数据

节水灌溉工程 / 湖南省水利水电科学研究院编写
. -- 北京：中国水利水电出版社，2021.10
（农村小型水利工程典型设计图集）
ISBN 978-7-5170-9914-7

Ⅰ．①节… Ⅱ．①湖… Ⅲ．①农田灌溉－节约用水
Ⅳ．①S275

中国版本图书馆CIP数据核字(2021)第182206号

书　　名	农村小型水利工程典型设计图集 **节水灌溉工程** JIESHUI GUANGAI GONGCHENG	
作　　者	湖南省水利水电科学研究院　编写	
出版发行	中国水利水电出版社 （北京市海淀区玉渊潭南路1号D座　100038） 网址：www.waterpub.com.cn E-mail：sales@mwr.gov.cn 电话：（010）68545888（营销中心）	
经　　售	北京科水图书销售有限公司 电话：（010）68545874、63202643 全国各地新华书店和相关出版物销售网点	
排　　版	中国水利水电出版社微机排版中心	
印　　刷	清淞永业（天津）印刷有限公司	
规　　格	297mm×210mm　横16开　12.25印张　370千字	
版　　次	2021年10月第1版　2021年10月第1次印刷	
印　　数	0001—5000册	
定　　价	**75.00元**	

前 言

为规范湖南省农村小型水利工程建设，提高工程设计、施工质量，推进农村小型水利工程建设规范化、标准化、生态化，充分发挥工程综合效益，湖南省水利厅组织编制了《农村小型水利工程典型设计图集》（以下简称《图集》）。

《图集》共包含 4 个分册：

——第 1 分册：山塘、河坝、雨水集蓄工程；

——第 2 分册：泵站工程；

——第 3 分册：**节水灌溉工程（渠系及渠系建筑物工程、高效节水灌溉工程）**；

——第 4 分册：农村河道工程。

《图集》由湖南省水利厅委托湖南省水利水电科学研究院编制。

《图集》主要供从事农村小型水利工程设计、施工和管理的工作人员使用。

《图集》仅供参考，具体设计、施工必须满足现行规程规范要求，设计、施工单位应结合工程实际参考使用《图集》，其使用《图集》不得免除设计责任。各地在使用过程中如有意见和建议，请及时向湖南省水利厅农村水利水电处反映。

本分册为《图集》之《节水灌溉工程》分册。

《图集》（《节水灌溉工程》分册）主要参与人员：

审定：钟再群、杨诗君；

审查：曹希、陈志江、黎军锋、王平、朱健荣；

审核：李燕妮、伍佑伦、盛东、梁卫平、董洁平；

主要编制人员：张杰、罗国平、楚贝、刘思妍、罗超、彭浩、梁喆、邓仁贵、袁理、程灿、陈志、罗仕军、刘孝俊、李康勇、张勇、陈虹宇、李泰、周家俊、朱静思、姚仕伟、于洋、赵馀、徐义军、李忠润。

作者

2021 年 8 月

第一部分　渠系及渠系建筑物工程

第二部分　高效节水灌溉工程

第一部分

渠系及渠系建筑物工程

1　范围

1.1　《图集》所称的渠系及渠系建筑物工程是指灌溉渠道、排水渠道以及灌排两用渠道，主要是小型灌区渠系、大中型灌区的末级渠系（流量小于 $1m^3/s$）及其配套建筑物、田间输水渠道等。

1.2　渠系及渠系建筑物工程包括渠道、排水沟、机耕道、机耕桥、人行桥、各类闸门、涵管、量水设施、码头生物通道等。其渡槽、倒虹吸、隧洞等工艺以及地质条件影响因素较为复杂工程不列入本图集，应按照规范进行勘测设计。

1.3　湖南省渠系及渠系建筑物其主要服务对象为具有稳定供水能力的水源的农作物种植区。

1.4　本分册对于土、石方挖（填）工程系按构筑物周边地形平坦计算的工程量，但项目实际实施时，应加强现场勘测，并根据当地实际地形计算实际土石方工程量。

1.5　本分册设计图适用于一般地形地质条件，对于特殊不利的地形地质条件应进行专门设计。

1.6　渠道建设均应按相关规范要求进行计算，合理选择尺寸及断面形式。

1.7　渠道工程可采用现场浇筑或装配式施工。

2　《图集》主要引用的法律法规及规程规范

2.1　《图集》主要引用的法律法规

《中华人民共和国水法》

《中华人民共和国安全生产法》

《中华人民共和国环境保护法》

《中华人民共和国节约能源法》

《中华人民共和国消防法》

《中华人民共和国水土保持法》

《农田水利条例》（中华人民共和国国务院令第 669 号）

注：《图集》引用的法律法规，未注明日期的，其最新版本适用于《图集》。

2.2　《图集》主要引用的规程规范

SL 56—2013　农村水利技术术语

GB 50288—2018　灌溉与排水工程设计标准

GB/T 50509—2009　灌区规划规范

SL/T 4—2020　农田排水工程技术规范

GB/T 50600—2020　渠道防渗工程技术规范

GB 50600—2020　渠道防渗衬砌工程技术标准

SL 191—2008　水工混凝土结构设计规范

GB 50010—2010（2015 版）　混凝土结构设计规范

GB 50003—2011　砌体结构设计规范

SL 74—2019　水利水电工程钢闸门设计规范

GB 50203—2011 砌体结构工程施工质量验收规范

SL 303—2017 水利水电工程施工组织设计规范

SL 73.1—2013 水利水电工程制图标准基础制图

GB/T 18229—2000 CAD 工程制图规则

注：《图集》引用的规程规范，凡是注日期的，仅所注日期的版本适用于《图集》；凡是未注日期的，其最新版本（包括所有的修改单）适用于《图集》。

3 术语和定义

3.1 综合术语

3.1.1 渠道

人工或机械开挖与填筑的用以引取、输送及分配水量的水道。

3.1.2 干渠

从灌溉水源或总干渠取水，主要担负输水任务的一级或二级渠道。

3.1.3 支渠

从干渠取水，主要担负配水任务的二级或三级渠道。

3.1.4 斗渠

从支渠取水，主要担负配水任务的三级或四级渠道。

3.1.5 农渠

从斗渠引水并分配到田间的最末一级固定渠道。

3.1.6 挖方渠道

在地面以下开挖的、设计渠顶低于地面或与地面齐平的渠道。

3.1.7 填方渠道

在地面以上填筑的、设计渠底高于地面的渠道。

3.1.8 半挖半填渠道

在渠道横断面上既有挖方又有填方的渠道。

3.1.9 渠道防渗

防止和减少渠道水量渗漏损失的技术措施。

3.1.10 装配式渠道

在工厂或施工现场预制，然后将其运输至工地，通过机械吊装和一定的拼接手段，把零散的预制渠槽装配成为一个整体而建造起来的渠道。

3.1.11 排涝设计流量

产生在排水面积上、符合一定除涝设计标准的排水流量。

3.1.12 排水沟

用以汇集及排除地面水和地下水的明沟。

3.2 配套设施及其他

3.2.1 沉沙池

从多泥沙河流引水灌溉时，在渠首或渠道上修建的沉积泥沙的工程设施。

3.2.2 量水堰

是指设在渠道、水槽中用以量测水流流量的溢流堰。

3.2.3 生物通道

是指供水体动物繁衍、休憩或通行的建筑物。

3.2.4 节制闸

调节上游水位，控制下泄流量的水闸。渠道的节制闸利用闸门启闭，调节上游水位和下泄流量，以满足向下一级渠道分水或控制、截断水流的需要。

3.2.5 分水闸

建于灌溉渠道分岔处用以分配水量的水闸。将上一级渠道的来水按一定比例分配到下一级渠道中。

3.2.6 田间分水口

建于灌溉渠道上，用以向田间分配水量的出水口。

3.2.7 机耕桥

横跨渠道（沟道），用于小型机械通行的农桥。

3.2.8 人行桥

横跨渠道（沟道），用于农户正常通行的农桥。

3.2.9 启闭机

一种用于闸门启闭的设施。通常分为平推式和手摇式。

3.2.10 灌溉渠道设计流量

设计典型年渠道需要通过的最大灌溉流量，也称正常流量。

3.2.11 灌溉渠道加大流量

在短时增加输水的情况下，渠道需要通过的最大灌溉流量。

3.2.12 渠道渗漏量

在渠道输配水过程中，通过底部、边坡土壤孔隙渗漏掉的水量。

3.2.13 渠道水利用系数

渠道净流量与毛流量的比值。

3.2.14 渠系水利用系数

各级固定渠道水利用系数的乘积。

3.2.15 田间水利用系数

灌入田间可被作物利用的水量与农渠净水量的比值。

3.2.16 灌溉水利用系数

灌入田间可被作物利用的水量与渠首引水量的比值。

3.2.17 渠底坡降

渠段首末两端底部高差与渠段水平长度的比值，也称底坡、纵坡。

3.2.18 渠床糙率

表示渠道表面粗糙程度的无因次数。

3.2.19 边坡系数

渠道侧坡的水平长度与垂直高度的比值。

3.2.20 允许不冲流速

不使渠床冲刷允许的最大水流速度。

3.2.21 允许不淤流速

不使渠道泥沙淤积允许的最小水流速度。

4 一般要求

4.1 渠道整治基本原则：田间末级渠道原则上不衬砌，排水渠道底板严禁衬砌，边墙护砌以生态措施为主，局部存在垮塌等安全隐患处适当考虑刚性护砌。

4.2 渠道衬砌主要以混凝土现浇为主，严禁使用空心砖衬砌。

4.3 渠道断面衬砌标准

4.3.1 渠道设计应按灌溉渠和排水渠（含灌排渠）两大类分别进行。渠道衬砌混凝土标号取为 C25。灌溉或排水面积 500 亩以下渠道超高取 0.1 ～ 0.15m，500 亩及以上渠道超高取 0.15 ～ 0.2m，2000 亩以上渠道衬砌超高取 0.2 ～ 0.25m。渠道纵向伸缩缝间距取 3 ～ 5m。

4.3.2 灌溉渠道标准

灌溉面积 500 亩以下小型渠道可以渠道控制的灌溉面积为渠道断面设计的主要控制参数，建议在设计中采用整体现浇混凝土矩形槽或渠内坡略带斜坡（1 ：0.2 ～ 1 ：0.3）的梯形渠槽。下面结构尺寸为《图集》推荐尺寸。

灌溉面积 100 亩以下，$b \times h$ 取 300mm × 400mm 或者 400mm × 400mm，矩形断面，底板厚度取 100mm，侧墙厚度取 100mm 左右。

灌溉面积 100 ～ 300 亩，$b \times h$ 取（400 ～ 500）mm ×（400 ～ 500）mm，厚度同上。

灌溉面积 300 ～ 500 亩，$b \times h$ 取（500 ～ 600）mm ×（500 ～ 600）mm，厚度同上。若渠内断面侧墙高度 ≥ 600mm，侧墙厚度取 120mm。

灌溉面积 500 亩以上的渠道，原则上渠道断面建议取梯形断面，混凝土衬砌厚度 80mm，其边坡系数根据渠道具体情况选取。

为确保侧墙的侧向稳定，整体现浇混凝土矩形槽内侧墙高度不宜高于 600mm，否则建议改为梯形断面或在渠顶部位增设水平支撑梁。

灌溉渠可根据需要隔一定距离设置节制闸。

4.3.3 灌排两用渠道和排水渠道标准

灌排结合渠和排水渠以渠坡稳定为主，宜采用浆砌石或干砌石结构。可根据排水流量确定过流断面，一般情况下可采用梯形断面，浆砌石或干砌石贴坡衬砌，其衬砌厚度取 250～300mm；对部分渠坡垮塌严重的渠段亦可采用挡土墙结构。在排水渠边坡处理中，在条件具备时，建议优先采用生态型处理措施。

渠底纵坡缓于 1/1500 的渠道，底板一般不衬砌。原则上只对渠内流速超过防冲流速的渠道进行渠底衬砌，对于需进行底板衬砌的渠底，宜采用预制混凝土格栅或干砌石结构，干砌石衬砌厚度取 250～300mm，预制混凝土格栅厚度取 80～100mm。

灌排结合渠可根据需要隔一定距离设置节制闸。

表1　　　　填方渠道最小边坡表

序号	土　　质	边　　坡		备　　注
		内坡	外坡	
1	黏土、重壤土	1	1	
2	中壤土	1.25	1	
3	轻壤土、沙壤土	1.5	1.25	
4	沙土	1.75	1.50	

表2　　　　挖方渠道最小边坡表

序号	土　　质	边　　坡	备　　注
1	稍胶结的卵石	1	
2	夹砂的卵石或砾石	1.25	
3	黏土、重壤土	1	
4	中壤土	1.25	
5	轻壤土、沙壤土	1.50	
6	沙土	1.75	

表3　　　　　　　　　　灌溉渠道设计参考值

序号	控制面积（亩）	建议断面型式	断面尺寸（$b \times h$）（mm）	混凝土衬砌厚度（cm）		混凝土衬砌超高（cm）
				底板	侧墙	
1	<100	矩形断面或略带斜坡梯形槽	300×400 或 400×400	8～10	10	10
2	100～300	矩形断面或略带斜坡梯形槽	（400～500）或（400～500）	8～10	10	10
3	300～500	矩形断面或略带斜坡梯形槽	（500～600）×500	8～10	10	15
4	500～2000	梯形槽	边坡根据实际确定	8	8	20
5	>2000	梯形槽	边坡根据实际确定	8	8	25

4.4 施工注意事项

4.4.1
混凝土构件必须保持表面平整光滑、无蜂窝麻面，制作尺寸误差 ±5mm。

4.4.2
构筑物需要设置护栏等安全设施的，须按国家有关行业规定执行。

4.4.3
《图集》施工还应遵循涉及的其他各类相关工程施工验收规程规范要求。

4.5 其他事项

4.5.1
《图集》涉及设备以及预制件均应用具备资质厂家的合格产品，混凝土、砌体建筑物等依据本分册设计，实现标准化、规范化。

4.5.2
本分册虽考虑了部分安全设计，但仍需加强安全知识教育，提高安全生产意识，确保安全。

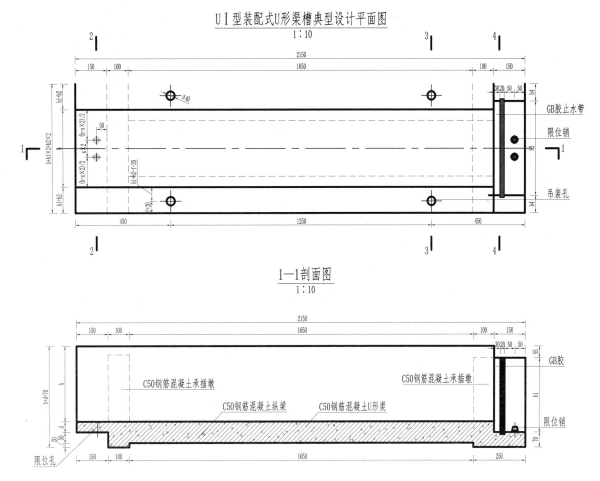

UⅠ型装配式U形渠槽典型设计平面图
1:10

1—1剖面图
1:10

GB胶止水带
限位销
吊装孔

C50钢筋混凝土承插墩
C50钢筋混凝土承插墩
C50钢筋混凝土纵梁
C50钢筋混凝土U形渠
GB胶
限位销
限位孔

装配式渠槽生产工艺

1.制作设备

装配式渠道的制作采用工厂式制造，由具有资质的公司采用集中预制 C50 混凝土装配式沟渠预制构件，保证质量。装配式混凝土预制件的制作采用水利部推荐的节水防渗渠道成型机械——装配式沟渠自动成型机，该机的主要特点是：一台主机配有两个工作机头，可以同时安装两个相同规格或不同规格的模具及压头，两套模具可以同时同型生产也可以分型生产，自动模压成型，操作简单、生产效率高。模具采用厂家配套的定型 装配式渠道钢模，使用前必须检查钢模的结构尺寸，钢模应经磨石机磨平、磨光，以确保预制清水混凝土构件的外观质量，使用过的模具如发现变形不能继续使用。

2.制作工艺

装配式渠道生产程序为：原材料准备—混凝土拌和浇筑—成型机压制装配式渠道—养护—脱模放置凝结—取垫板洒水养护。

3.原材料准备

严格控制混凝土原材料，应固定厂家、固定规格、固定颜色，统一混凝土配合比，确保构件表观颜色一致。水泥、砂石、钢筋、外加剂、脱模剂等应经确选质量稳定、供应能力强的供货单位，采集样品后，由试验室进行试配，确定品种和规格等。生产过程中严禁更换原材料的品种规格。

4.混凝土拌和浇筑

浇筑混凝土前，对模具、钢筋、进行检查，符合设计要求后方可浇筑。混凝土搅拌机采用挂牌制，如前一盘搅拌的不是清水混凝土，则搅拌清水混凝土前必须清洗搅拌机并将罐内积水排净。使用插入式振捣器振捣密实成型。振捣按顺序进行，插捣采取快插慢拔、均匀对称的方法，振捣器移动间距不大于300 mm，严防漏振。每一振动部位，必须振动到该部位混凝土密实为止。密实的标志是混凝土停止下沉，气泡明显减少，表面呈现平坦、泛浆，成型的标志是在密实的基础上使混凝土充满模板内每一个角落。混凝土振动时间为30s左右。不应过振，避免水泥浆体析水流失而产生蜂窝、孔洞缺陷而影响混凝土构件的外观质量。振动时应避免碰撞模具和钢筋。预制构件混凝土浇筑完后，其表面采用机械抹平。

5.养护

由于天气、工期等原因，混凝土的养护采用蒸汽养护。

6.脱模放置凝结

脱模后由压条托住从机上取下，用专用手推车推到养护场待凝，混凝土终凝后，翻转装配式沟渠取出垫板，定期洒水，常温下养护14d即可出场。

说明:
1.本图尺寸以mm计。
2.本图为渠道与承插墩一体装配式渠渠道设计图，主要材料采用C50混凝土，钢筋布置详见配筋图。
3.接口处采用限位销对装配式渠道预制构件进行限位，同时采用GB胶带止水。
4.未尽事宜请参照相关标准执行。

2—2剖面图
1:10

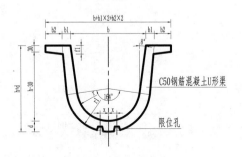

C50钢筋混凝土U形渠
限位孔

3—3剖面图
1:10

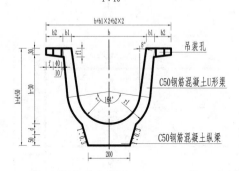

吊装孔
C50钢筋混凝土U形渠
C50钢筋混凝土纵梁

4—4剖面图
1:10

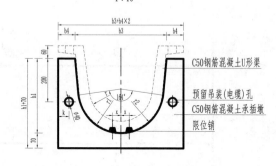

C50钢筋混凝土U形渠
预留吊装(电缆)孔
C50钢筋混凝土承插墩
限位销

限位孔详图
1:2

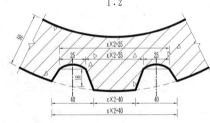

限位销详图
1:2

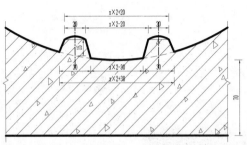

UⅠ型装配式U形渠槽特性表

型号\参数	b(mm)	b1(mm)	b2(mm)	b3(mm)	b4(mm)	h(mm)	h1(mm)	d(mm)	f(mm)	f1(mm)	r(mm)	r1(mm)	r2(mm)	x(mm)	k(mm)
UⅠ300型	359	40	80	438	81	350	345	50	34	40	150	200	205	40	52
UⅠ400型	460	40	80	539	81	400	395	50	33	40	200	250	255	45	51
UⅠ500型	575	40	80	655	80	500	500	55	33	40	250	305	310	50	49
UⅠ600型	690	40	80	769	81	600	600	55	33	40	300	355	360	55	50
UⅠ700型	805	50	100	905	100	700	715	70	54	50	350	420	425	60	59
UⅠ800型	920	50	100	1019	101	800	815	70	54	50	400	470	475	65	60
UⅠ900型	1035	50	100	1135	100	900	925	80	54	50	450	530	535	70	59
UⅠ1000型	1150	50	100	1250	100	1000	1025	80	54	50	500	580	585	75	59
UⅠ1100型	1265	50	100	1366	100	1100	1135	90	53	50	550	640	645	80	57
UⅠ1200型	1380	50	100	1481	100	1200	1235	90	54	50	600	690	695	85	58
UⅠ1300型	1495	50	100	1597	99	1300	1345	100	53	50	650	750	755	90	57
UⅠ1400型	1611	50	100	1711	100	1400	1445	100	53	50	700	800	805	95	58
UⅠ1500型	1726	50	100	1826	100	1500	1545	100	53	50	750	850	855	100	58

说明:
1.本图尺寸以mm计。
2.本图为渠道与承插墩一体装配式渠渠道设计图,主要材料采用C50混凝土,钢筋布置详见配筋图。
3.接口处采用限位销对装配式渠道预制构件进行限位,同时采用GB胶带止水。
4.渠槽生产工艺见图QD-ZP-01。
5.未尽事宜请参照相关标准执行。

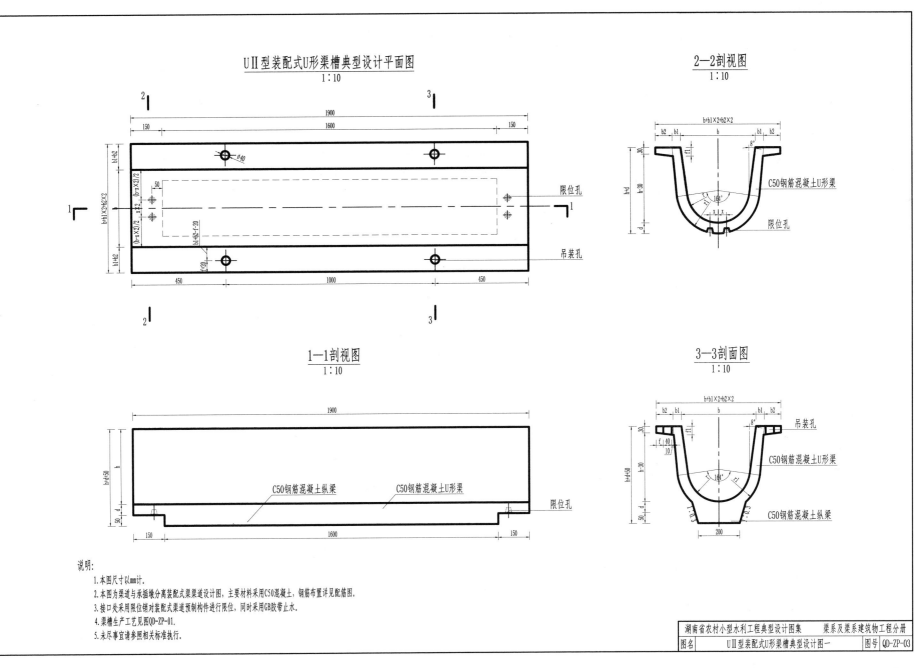

UⅡ型装配式U形渠槽典型设计平面图
1∶10

2—2剖视图
1∶10

C50钢筋混凝土U形渠

限位孔

1—1剖视图
1∶10

C50钢筋混凝土纵梁　　C50钢筋混凝土U形渠

限位孔

3—3剖面图
1∶10

吊装孔

C50钢筋混凝土U形渠

C50钢筋混凝土纵梁

限位孔

吊装孔

说明:
1. 本图尺寸以mm计。
2. 本图为渠道与承插墩分离装配式渠渠道设计图,主要材料采用C50混凝土,钢筋布置详见配筋图。
3. 接口处采用限位错对装配式渠渠预制构件进行限位,同时采用GB胶带止水。
4. 渠槽生产工艺见QD-ZP-01。
5. 未尽事宜请参照相关标准执行。

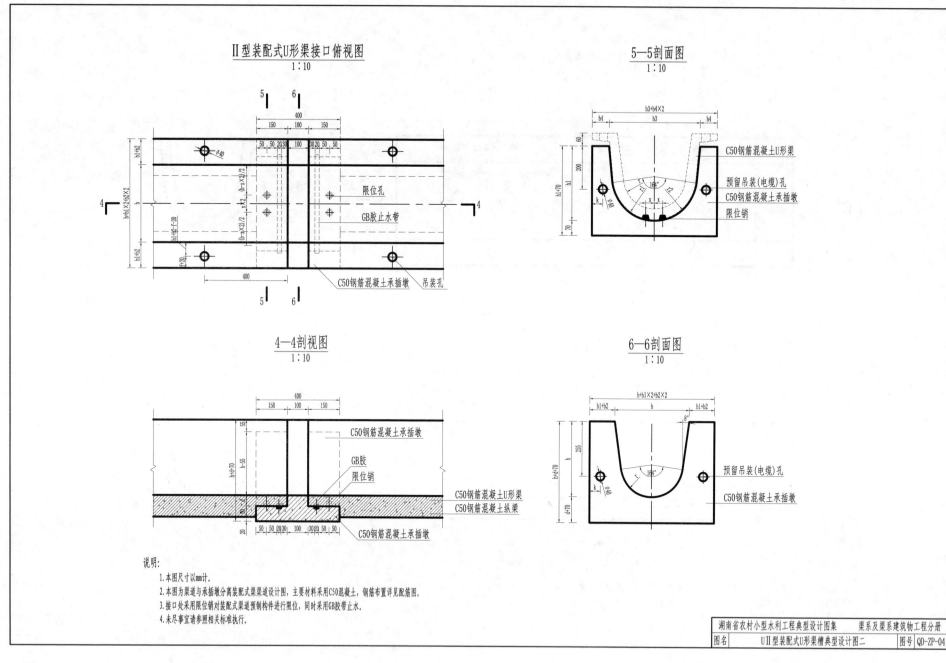

Ⅱ型装配式U形渠接口俯视图
1:10

限位孔

GB胶止水带

C50钢筋混凝土承插墩

吊装孔

5—5剖面图
1:10

C50钢筋混凝土U形渠

预留吊装(电缆)孔

C50钢筋混凝土承插墩

限位销

4—4剖视图
1:10

C50钢筋混凝土承插墩

GB胶

限位销

C50钢筋混凝土U形渠

C50钢筋混凝土纵梁

C50钢筋混凝土承插墩

6—6剖面图
1:10

预留吊装(电缆)孔

C50钢筋混凝土承插墩

说明:
1. 本图尺寸以mm计。
2. 本图为渠道与承插墩分离装配式渠渠道设计图,主要材料采用C50混凝土,钢筋布置详见配筋图。
3. 接口处采用限位销对装配式渠道预制构件进行限位,同时采用GB胶带止水。
4. 未尽事宜请参照相关标准执行。

	湖南省农村小型水利工程典型设计图集	渠系及渠系建筑物工程分册	
图名	UⅡ型装配式U形渠槽典型设计图二	图号	QD-ZP-04

承插墩详图
1:2

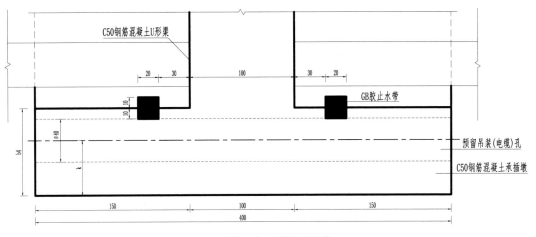

C50钢筋混凝土U形渠

GB胶止水带

预留吊装(电缆)孔

C50钢筋混凝土承插墩

限位孔详图
1:2

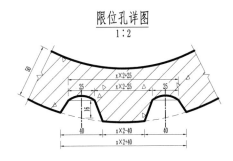

限位销详图
1:2

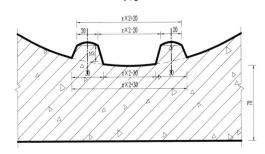

说明:
1. 本图尺寸以mm计。
2. 本图为渠道与承插墩分离装配式渠渠道设计图,主要材料采用C50混凝土,钢筋布置详见配筋图。
3. 接口处采用限位销对装配式渠道预制构件进行限位,同时采用GB胶带止水。
4. 渠槽生产工艺见图QD-ZP-01。
5. 未尽事宜请参照相关标准执行。

UⅡ型装配式U形渠槽特性表

型号	b(mm)	b1(mm)	b2(mm)	b3(mm)	b4(mm)	h(mm)	h1(mm)	d(mm)	f(mm)	f1(mm)	r(mm)	r1(mm)	r2(mm)	x(mm)	k(mm)
UⅡ300型	359	40	80	438	81	350	345	50	34	40	150	200	205	40	52
UⅡ400型	460	40	80	539	81	400	395	50	33	40	200	250	255	45	51
UⅡ500型	575	40	80	655	80	500	500	55	33	40	250	305	310	50	49
UⅡ600型	690	40	80	769	81	600	600	55	33	40	300	355	360	55	50
UⅡ700型	805	50	100	905	100	700	715	70	54	50	350	420	425	60	59
UⅡ800型	920	50	100	1019	101	800	815	70	54	50	400	470	475	65	60
UⅡ900型	1035	50	100	1135	100	900	925	80	54	50	450	530	535	70	59
UⅡ1000型	1150	50	100	1250	100	1000	1025	80	54	50	500	580	585	75	59
UⅡ1100型	1265	50	100	1366	100	1100	1135	90	53	50	550	640	645	80	57
UⅡ1200型	1380	50	100	1481	100	1200	1235	90	54	50	600	690	695	85	58
UⅡ1300型	1495	50	100	1597	99	1300	1345	100	53	50	650	750	755	90	57
UⅡ1400型	1611	50	100	1711	100	1400	1445	100	53	50	700	800	805	95	58
UⅡ1500型	1726	50	100	1826	100	1500	1545	100	54	50	750	850	855	100	58

U形接口装配式预制生物通道典型设计图
1:10

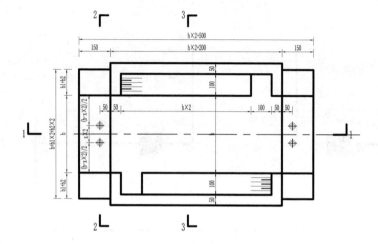

2—2剖视图
1:10

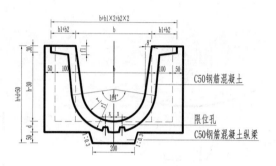

C50钢筋混凝土

限位孔

C50钢筋混凝土纵梁

1—1剖视图
1:10

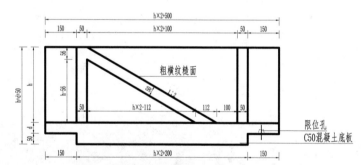

粗横纹糙面

限位孔
C50混凝土底板

3—3剖视图
1:10

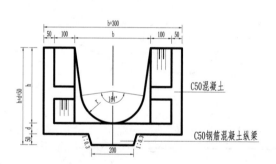

C50混凝土

C50钢筋混凝土纵梁

U形接口装配式预制生物通道特性表

型号\参数	b(mm)	b1(mm)	b2(mm)	h(mm)	d(mm)	r(mm)	r1(mm)	x(mm)	f1(mm)
300型	359	40	80	350	50	150	200	40	40
400型	460	40	80	400	50	200	250	45	40
500型	575	40	80	500	55	250	305	50	40
600型	690	40	80	600	55	300	355	55	40

说明:
1. 本图尺寸以mm计.
2. 渠槽生产工艺见图QD-ZP-01.

湖南省农村小型水利工程典型设计图集	渠系及渠系建筑物工程分册
图名 U形接口装配式预制生物通道典型设计图	图号 QD-ZP-06

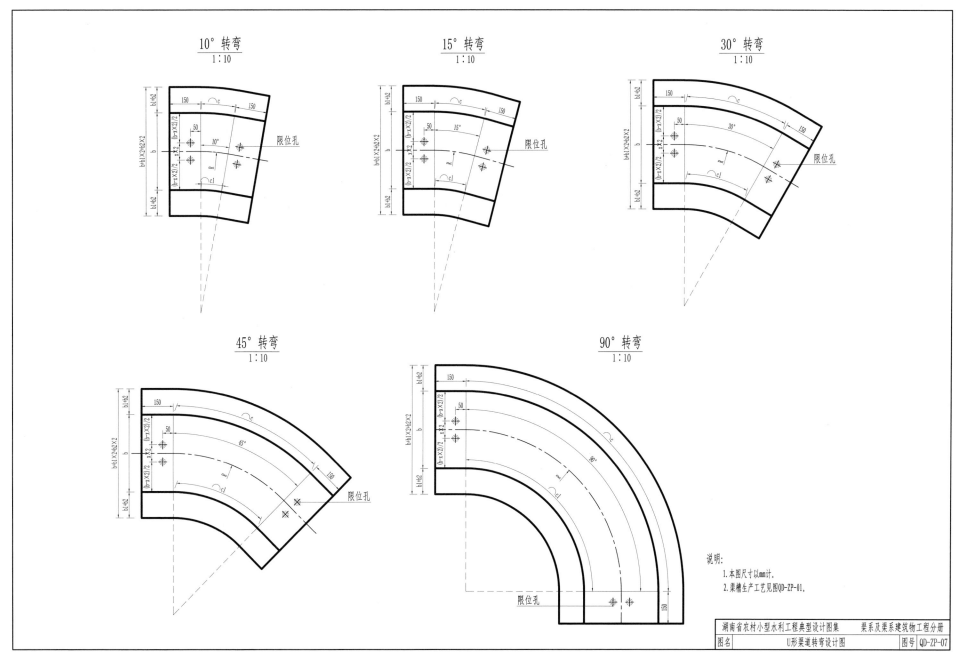

10° 转弯
1:10

15° 转弯
1:10

30° 转弯
1:10

45° 转弯
1:10

90° 转弯
1:10

限位孔

说明:
1. 本图尺寸以mm计。
2. 渠槽生产工艺见图QD-ZP-01。

U形渠道转弯特性表

型号	转弯角度（°）	b(mm)	b1(mm)	b2(mm)	R(mm)	r(mm)	x(mm)	c(mm)	c1(mm)	型号	转弯角度（°）	b(mm)	b1(mm)	b2(mm)	R(mm)	r(mm)	x(mm)	c(mm)	c1(mm)
300型	10	359	40	80	750	150	40	162	100	800型	10	920	50	100	2000	400	65	429	269
	15				750			243	149		15				2000			644	403
	30				750			486	299		30				2000			1287	806
	45				750			730	448		45				2000			1931	1209
	90				750			1459	896	900型	10	1035	50	100	2250	450	70	483	302
400型	10	460	40	80	1000	200	45	215	134		15				2250			724	453
	15				1000			322	201		30				2250			1448	907
	30				1000			644	403		45				1800			1819	1007
	45				1000			966	604	1000型	10	1150	50	100	2500	500	75	536	336
	90				1000			1931	1209		15				2500			805	504
500型	10	575	40	80	1250	250	50	268	168		30				2500			1609	1007
	15				1250			402	252		45				1500			1629	726
	30				1250			805	504	1100型	10	1265	50	100	2750	550	80	590	369
	45				1250			1207	756		15				2750			885	554
	90				750			1629	726		30				2750			1770	1108
600型	10	690	40	80	1500	300	55	322	201		45				1650			1792	799
	15				1500			483	302	1200型	10	1380	50	100	3000	600	85	644	403
	30				1500			966	604		15				3000			966	604
	45				1500			1448	907		30				3000			1931	1209
	90				900			1955	871		45				1800			1955	871
700型	10	805	50	100	1750	350	60	375	235	1300型	10	1495	50	100	3250	650	90	697	437
	15				1750			563	353		15				3250			1046	655
	30				1750			1126	705		30				2600			1752	969
	45				1750			1690	1058	1400型	10	1611	50	100	3500	700	95	751	470
											15				3500			1127	705
											30				2800			1887	1044
										1500型	10	1726	50	100	3750	750	100	805	504
											15				3750			1207	755
											30				2250			1629	726

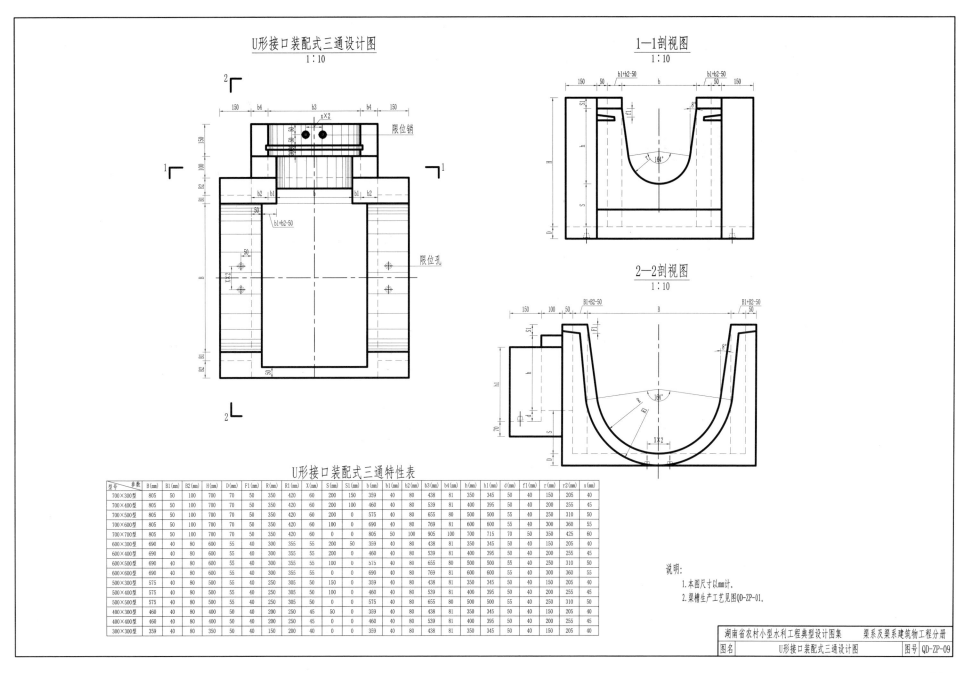

U形接口装配式三通设计图
1：10

1—1剖视图
1：10

2—2剖视图
1：10

限位销

限位孔

说明：
1. 本图尺寸以mm计。
2. 渠槽生产工艺见图QD-ZP-01。

U形接口装配式三通特性表

型号\参数	B(mm)	B1(mm)	B2(mm)	H(mm)	D(mm)	F1(mm)	R(mm)	R1(mm)	X(mm)	S(mm)	S1(mm)	b(mm)	b1(mm)	b2(mm)	b3(mm)	b4(mm)	h(mm)	h1(mm)	d(mm)	f1(mm)	r1(mm)	r2(mm)	x(mm)
700×300型	805	50	100	700	70	50	350	420	60	200	150	359	40	80	438	81	350	345	50	40	150	205	40
700×400型	805	50	100	700	70	50	350	420	60	200	100	460	40	80	539	81	400	395	50	40	200	255	45
700×500型	805	50	100	700	70	50	350	420	60	200	0	575	40	80	655	80	500	500	55	40	250	310	50
700×600型	805	50	100	700	70	50	350	420	60	100	0	690	40	80	769	81	600	600	55	40	300	360	55
700×700型	805	50	100	700	70	50	350	420	60	0	0	805	50	100	905	100	700	715	70	50	350	425	60
600×300型	690	40	80	600	55	40	300	355	55	200	50	359	40	80	438	81	350	345	50	40	150	205	40
600×400型	690	40	80	600	55	40	300	355	55	200	0	460	40	80	539	81	400	395	50	40	200	255	45
600×500型	690	40	80	600	55	40	300	355	55	100	0	575	40	80	655	80	500	500	55	40	250	310	50
600×600型	690	40	80	600	55	40	300	355	55	0	0	690	40	80	769	81	600	600	55	40	300	360	55
500×300型	575	40	80	500	55	40	250	305	55	150	0	359	40	80	438	81	350	345	50	40	150	205	40
500×400型	575	40	80	500	55	40	250	305	55	100	0	460	40	80	539	81	400	395	50	40	200	255	45
500×500型	575	40	80	500	55	40	250	305	55	0	0	575	40	80	655	80	500	500	55	40	250	310	50
400×300型	460	40	80	400	50	40	200	250	45	50	0	359	40	80	438	81	350	345	50	40	150	205	40
400×400型	460	40	80	400	50	40	200	250	45	0	0	460	40	80	539	81	400	395	50	40	200	255	45
300×300型	359	40	80	350	50	40	150	200	40	0	0	359	40	80	438	81	350	345	50	40	150	205	40

U形接口装配式四通设计图
1:10

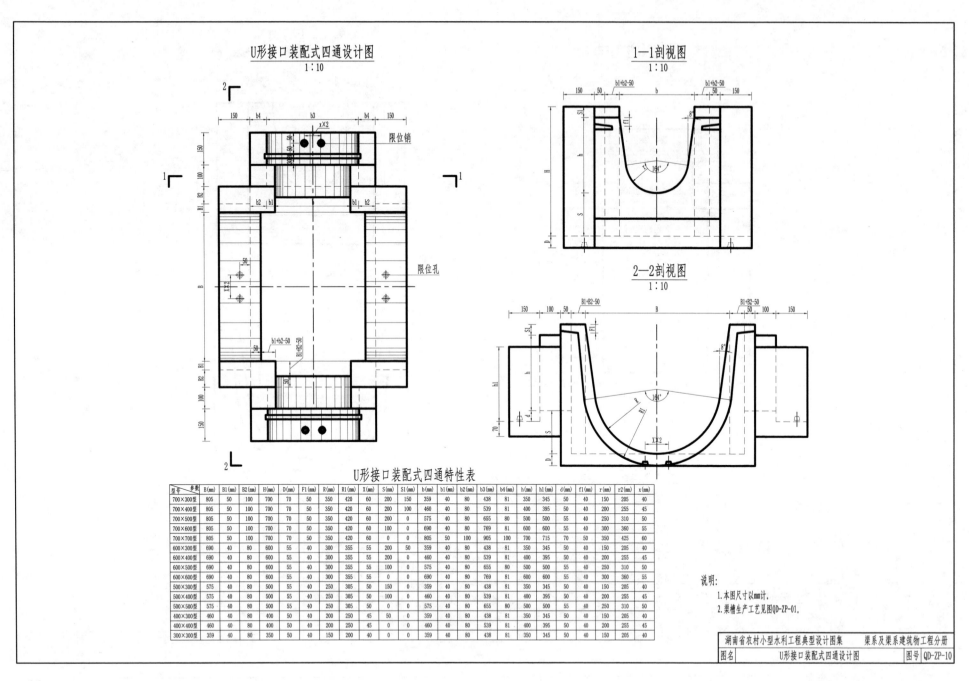

1—1剖视图 1:10

2—2剖视图 1:10

限位销
限位孔

U形接口装配式四通特性表

型号	B(mm)	B1(mm)	B2(mm)	H(mm)	D(mm)	F1(mm)	R(mm)	R1(mm)	X(mm)	S(mm)	S1(mm)	b(mm)	b1(mm)	b2(mm)	b3(mm)	b4(mm)	h(mm)	h1(mm)	d(mm)	f1(mm)	r(mm)	r2(mm)	x(mm)
700×300型	805	50	100	700	70	50	350	420	60	200	150	359	40	80	438	81	350	345	50	40	150	205	40
700×400型	805	50	100	700	70	50	350	420	60	200	100	460	40	80	539	81	400	395	50	40	200	255	45
700×500型	805	50	100	700	70	50	350	420	60	200	0	575	40	80	655	80	500	500	55	40	250	310	50
700×600型	805	50	100	700	70	50	350	420	60	100	0	690	40	80	769	81	600	655	55	40	300	360	55
700×700型	805	50	100	700	70	50	350	420	60	0	0	805	50	100	905	100	700	715	70	50	350	425	60
600×300型	690	40	80	600	55	40	300	355	55	200	50	359	40	80	438	81	350	345	50	40	150	205	40
600×400型	690	40	80	600	55	40	300	355	55	200	0	460	40	80	539	81	400	395	50	40	200	255	45
600×500型	690	40	80	600	55	40	300	355	55	100	0	575	40	80	655	80	500	500	55	40	250	310	50
600×600型	690	40	80	600	55	40	300	355	55	0	0	690	40	80	769	81	600	600	55	40	300	360	55
500×300型	575	40	80	500	55	40	250	305	50	150	0	359	40	80	438	81	350	345	50	40	150	205	40
500×400型	575	40	80	500	55	40	250	305	50	100	0	460	40	80	539	81	400	395	50	40	200	255	45
500×500型	575	40	80	500	55	40	250	305	50	0	0	575	40	80	655	80	500	500	55	40	250	310	50
400×300型	460	40	80	400	50	40	200	250	45	50	0	359	40	80	438	81	350	345	50	40	150	205	40
400×400型	460	40	80	400	50	40	200	250	45	0	0	460	40	80	539	81	400	395	50	40	200	255	45
300×300型	359	40	80	350	50	40	150	200	40	0	0	359	40	80	438	81	350	345	50	40	150	205	40

说明：
1. 本图尺寸以mm计。
2. 渠槽生产工艺见图QD-ZP-01。

湖南省农村小型水利工程典型设计图集　　渠系及渠系建筑物工程分册

| 图名 | U形接口装配式四通设计图 | 图号 | QD-ZP-10 |

U形渠槽侧向分水口设计图
1:10

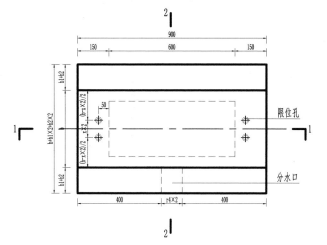

2—2剖视图
1:10

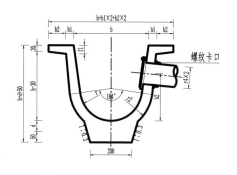

螺纹卡口

1—1剖视图
1:10

C50钢筋混凝土U形渠
C50钢筋混凝土纵梁
限位孔

限位孔
分水口

U形渠槽侧向分水口特性表

参数 型号	b(mm)	b1(mm)	b2(mm)	h(mm)	d(mm)	f1(mm)	r(mm)	r1(mm)	x(mm)	r4(mm)	h2(mm)
300型	359	40	80	350	50	40	150	200	40	100	200
400型	460	40	80	400	50	40	200	250	45	100	250
500型	575	40	80	500	55	40	250	305	50	100	300
600型	690	40	80	600	55	40	300	355	55	100	350
700型	805	50	100	700	70	50	350	420	60	200	450
800型	920	50	100	800	70	50	400	470	65	200	500
900型	1035	50	100	900	80	50	450	530	70	200	550
1000型	1150	50	100	1000	80	50	500	580	75	200	600
1100型	1265	50	100	1100	90	50	550	640	80	300	700
1200型	1380	50	100	1200	90	50	600	690	85	300	750
1300型	1495	50	100	1300	100	50	650	750	90	300	800
1400型	1611	50	100	1400	100	50	700	800	95	300	850
1500型	1726	50	100	1500	100	50	750	850	100	300	900

说明:
1. 本图尺寸以mm计。
2. 渠槽生产工艺见图QD-ZP-1。

湖南省农村小型水利工程典型设计图集	渠系及渠系建筑物工程分册
图名 U形渠槽侧向分水口设计图	图号 QD-ZP-11

矩I型装配式矩形渠槽典型设计平面图
1:10

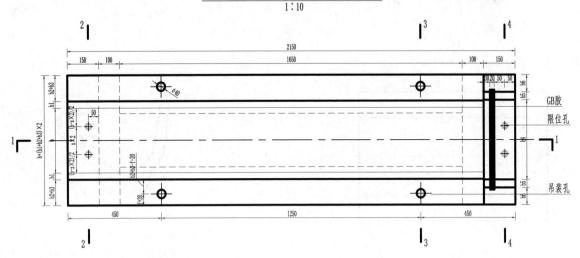

1—1剖视图
1:10

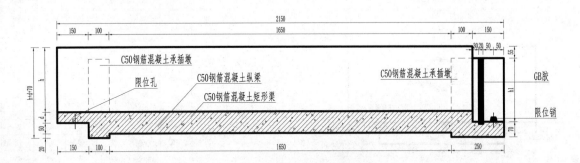

C50钢筋混凝土承插墩
限位孔
C50钢筋混凝土纵梁
C50钢筋混凝土矩形渠
C50钢筋混凝土承插墩
GB胶
限位销

说明:
1. 本图尺寸以mm计。
2. 本图为渠道与承插墩一体装配式渠道设计图,主要材料采用C50混凝土,钢筋布置详见配筋图。
3. 接口处采用限位销对装配式渠道预制构件进行限位,同时采用GB胶带止水。
4. 渠槽生产工艺见图QD-ZP-01。
5. 未尽事宜请参照相关标准执行。

湖南省农村小型水利工程典型设计图集	渠系及渠系建筑物工程分册	
图名	矩I型装配式矩形渠槽典型设计图一	图号 QD-ZP-12

2—2剖面图
1:10

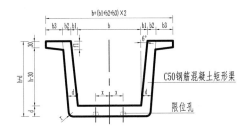

C50钢筋混凝土矩形渠
限位孔

3—3剖面图
1:10

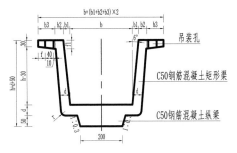

吊装孔
C50钢筋混凝土矩形渠
C50钢筋混凝土纵梁

4—4剖面图
1:10

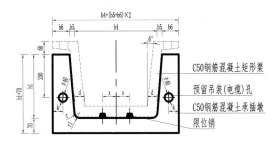

C50钢筋混凝土矩形渠
预留吊装(电缆)孔
C50钢筋混凝土承插墩
限位销

限位孔详图
1:2

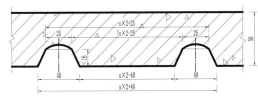

限位销详图
1:2

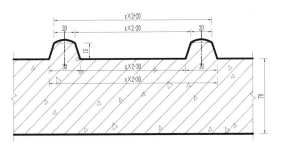

矩Ⅰ型装配式矩形渠槽特性表

型号	b(mm)	b1(mm)	b2(mm)	b3(mm)	b4(mm)	b5(mm)	b6(mm)	h(mm)	h1(mm)	d(mm)	f(mm)	f1(mm)	r(mm)	r1(mm)	x(mm)	k(mm)
矩Ⅰ300型	300	32	40	80	402	21	79	300	295	50	33	40	20	25	65	47
矩Ⅰ400型	400	42	40	80	512	27	79	400	400	55	33	40	20	25	80	47
矩Ⅰ500型	500	53	40	80	622	33	79	500	505	60	33	40	30	35	90	47
矩Ⅰ600型	600	63	40	80	731	39	79	600	610	65	33	40	30	35	140	47
矩Ⅰ700型	700	74	50	100	848	50	99	700	720	75	54	50	30	35	190	57
矩Ⅰ800型	800	84	50	100	959	56	99	800	825	80	54	50	40	45	240	57
矩Ⅰ900型	900	95	50	100	1068	62	99	900	930	85	54	50	40	45	290	57
矩Ⅰ1000型	1000	105	50	100	1178	67	99	1000	1035	90	54	50	50	55	340	57
矩Ⅰ1100型	1100	116	50	100	1277	78	99	1100	1135	90	54	50	50	55	390	57
矩Ⅰ1200型	1200	116	50	100	1377	78	99	1200	1235	90	54	50	60	65	440	57
矩Ⅰ1300型	1300	137	50	100	1496	90	99	1300	1345	100	54	50	60	65	490	57
矩Ⅰ1400型	1400	147	50	100	1595	100	99	1400	1445	100	54	50	65	70	540	57
矩Ⅰ1500型	1500	158	50	100	1705	106	99	1500	1550	105	54	50	65	70	590	57

说明:
1.本图尺寸以mm计。
2.本图为渠道与承插墩一体装配式渠渠道设计图,主要材料采用C50混凝土,钢筋布置详见配筋图。
3.接口处采用限位销对装配式渠道预制构件进行限位,同时采用GB胶带止水。
4.渠槽生产工艺见图QD-ZP-01。
5.未尽事宜请参照相关标准执行。

湖南省农村小型水利工程典型设计图集　渠系及渠系建筑物工程分册
图名 矩Ⅰ型装配式矩形渠槽典型设计图二　图号 QD-ZP-13

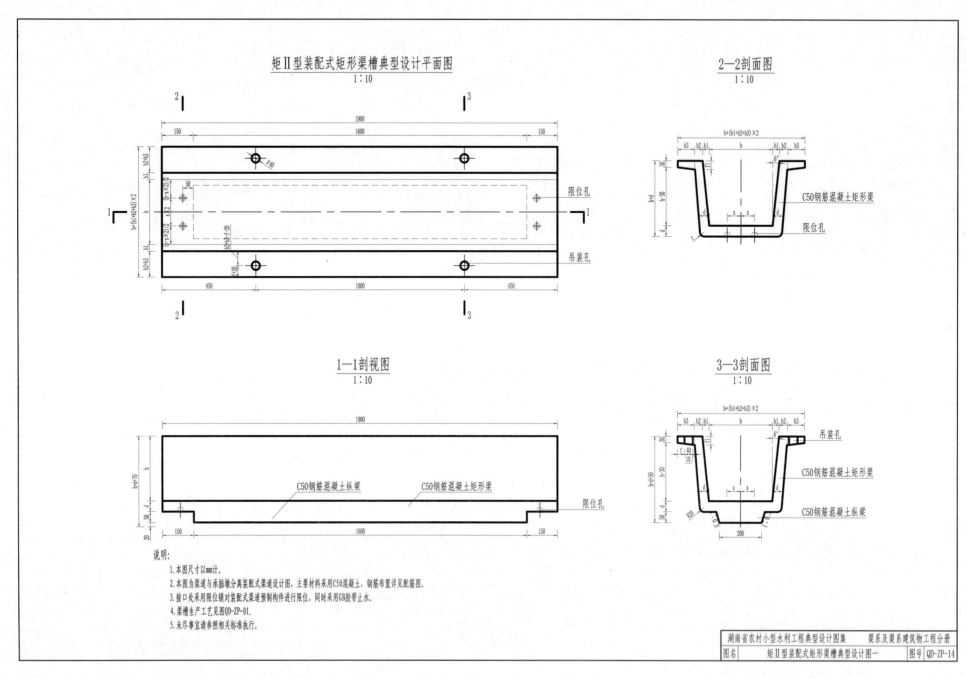

矩Ⅱ型装配式矩形渠槽典型设计平面图
1:10

2—2剖面图
1:10

C50钢筋混凝土矩形渠

限位孔

1—1剖视图
1:10

C50钢筋混凝土纵梁   C50钢筋混凝土矩形渠

限位孔

3—3剖面图
1:10

吊装孔

C50钢筋混凝土矩形渠

C50钢筋混凝土纵梁

限位孔

吊装孔

说明:
1. 本图尺寸以mm计。
2. 本图为渠道与承插墩分离装配式渠道设计图,主要材料采用C50混凝土,钢筋布置详见配筋图。
3. 接口处采用限位锁对装配式渠道预制构件进行限位,同时采用GB胶带止水。
4. 渠槽生产工艺见图QD-ZP-01。
5. 未尽事宜请参照相关标准执行。

湖南省农村小型水利工程典型设计图集	渠系及渠系建筑物工程分册	
图名	矩Ⅱ型装配式矩形渠槽典型设计图一	图号 QD-ZP-14

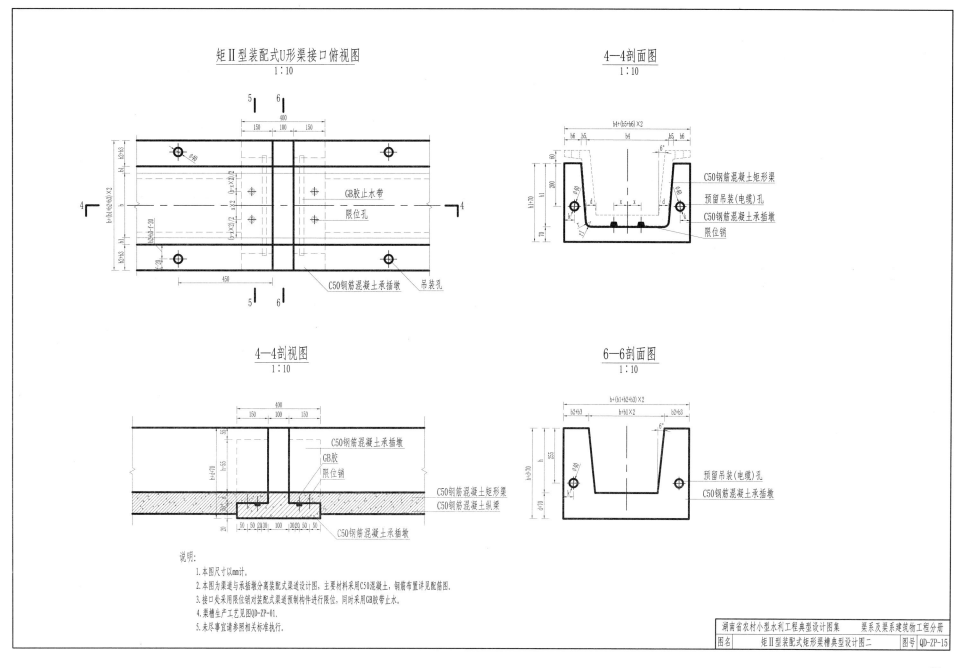

矩Ⅱ型装配式U形渠接口俯视图
1:10

4—4剖面图
1:10

GB胶止水带
限位孔
C50钢筋混凝土承插墩
吊装孔

C50钢筋混凝土矩形渠
预留吊装(电缆)孔
C50钢筋混凝土承插墩
限位销

4—4剖视图
1:10

C50钢筋混凝土承插墩
GB胶
限位销
C50钢筋混凝土矩形渠
C50钢筋混凝土纵梁
C50钢筋混凝土承插墩

6—6剖面图
1:10

预留吊装(电缆)孔
C50钢筋混凝土承插墩

说明:
1.本图尺寸以mm计。
2.本图为渠道与承插墩分离装配式渠道设计图,主要材料采用C50混凝土,钢筋布置详见配筋图。
3.接口处采用限位销对装配式渠道预制构件进行限位,同时采用GB胶带止水。
4.渠槽生产工艺见图QD-ZP-01.
5.未尽事宜请参照相关标准执行。

湖南省农村小型水利工程典型设计图集		渠系及渠系建筑物工程分册
图名	矩Ⅱ型装配式矩形渠槽典型设计图二	图号 QD-ZP-15

21

承插墩详图
1:2

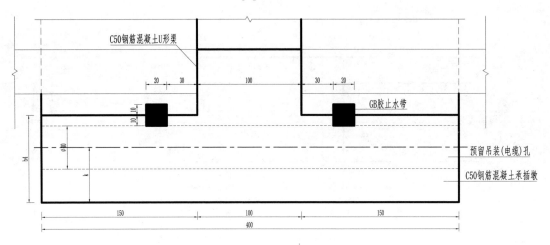

C50钢筋混凝土U形渠

GB胶止水带

预留吊装(电缆)孔

C50钢筋混凝土承插墩

限位孔详图
1:2

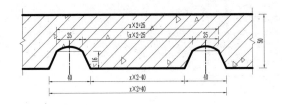

限位销详图
1:2

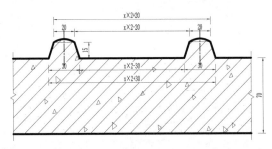

说明:
1.本图尺寸以mm计.
2.本图为渠道与承插墩分离装配式渠道设计图,主要材料采用C50混凝土,钢筋布置详见配筋图.
3.接口处采用限位销对装配式渠道预制构件进行限位,同时采用GB胶带止水.
4.渠槽生产工艺见图QD-ZP-01.
5.未尽事宜请参照相关标准执行.

矩Ⅱ型装配式矩形渠槽特性表

参数 型号	b(mm)	b1(mm)	b2(mm)	b3(mm)	b4(mm)	b5(mm)	b6(mm)	h(mm)	h1(mm)	d(mm)	f(mm)	f1(mm)	r(mm)	r1(mm)	x(mm)	k(mm)
矩Ⅱ300型	300	32	40	80	402	21	79	300	295	50	33	40	20	25	65	47
矩Ⅱ400型	400	42	40	80	512	27	79	400	400	55	33	40	20	25	80	47
矩Ⅱ500型	500	53	40	80	622	33	79	500	505	60	33	40	30	35	90	47
矩Ⅱ600型	600	63	40	80	731	39	79	600	610	65	33	40	30	35	140	47
矩Ⅱ700型	700	74	50	100	848	50	99	700	720	75	54	50	30	35	190	57
矩Ⅱ800型	800	84	50	100	959	56	99	800	825	80	54	50	40	45	240	57
矩Ⅱ900型	900	95	50	100	1068	62	99	900	930	85	54	50	40	45	290	57
矩Ⅱ1000型	1000	105	50	100	1178	67	99	1000	1035	90	54	50	50	55	340	57
矩Ⅱ1100型	1100	116	50	100	1277	78	99	1100	1135	90	54	50	50	55	390	57
矩Ⅱ1200型	1200	116	50	100	1377	78	99	1200	1235	90	54	50	60	65	440	57
矩Ⅱ1300型	1300	137	50	100	1496	90	99	1300	1345	100	54	50	60	65	490	57
矩Ⅱ1400型	1400	147	50	100	1595	100	99	1400	1445	100	54	50	65	70	540	57
矩Ⅱ1500型	1500	158	50	100	1705	106	99	1500	1550	105	54	50	65	70	590	57

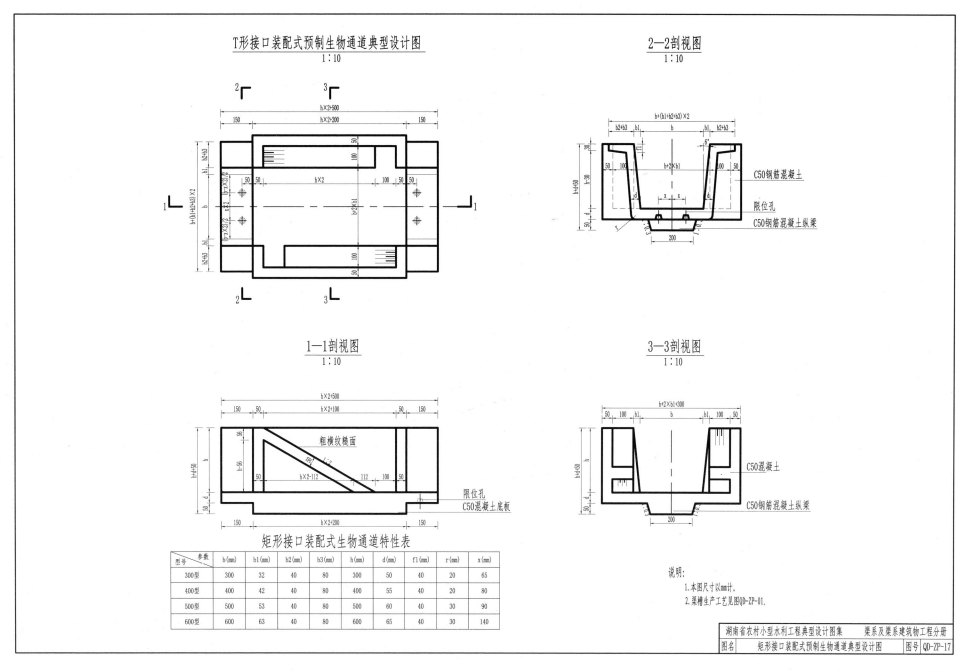

T形接口装配式预制生物通道典型设计图
1：10

2—2剖视图
1：10

C50钢筋混凝土

限位孔

C50钢筋混凝土纵梁

1—1剖视图
1：10

粗横纹糙面

限位孔

C50混凝土底板

3—3剖视图
1：10

C50混凝土

C50钢筋混凝土纵梁

矩形接口装配式生物通道特性表

型号 \ 参数	b(mm)	b1(mm)	b2(mm)	b3(mm)	h(mm)	d(mm)	f1(mm)	r(mm)	x(mm)
300型	300	32	40	80	300	50	40	20	65
400型	400	42	40	80	400	55	40	20	80
500型	500	53	40	80	500	60	40	30	90
600型	600	63	40	80	600	65	40	30	140

说明：
1. 本图尺寸以mm计。
2. 渠槽生产工艺见图QD-ZP-01。

湖南省农村小型水利工程典型设计图集　　渠系及渠系建筑物工程分册

图名	矩形接口装配式预制生物通道典型设计图	图号	QD-ZP-17

23

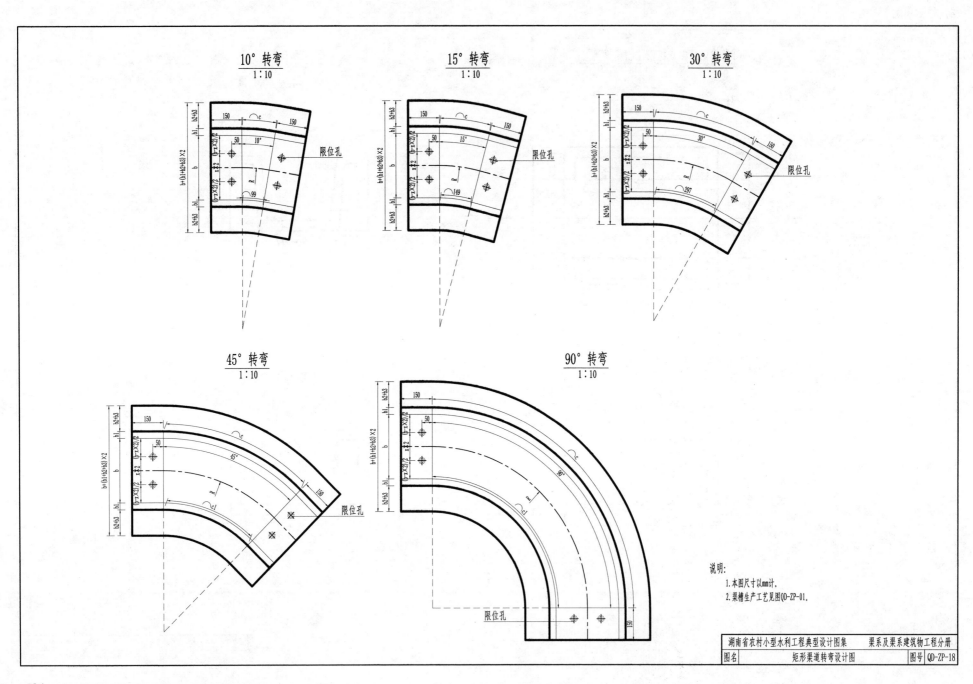

10° 转弯
1:10

15° 转弯
1:10

30° 转弯
1:10

45° 转弯
1:10

90° 转弯
1:10

说明:
1.本图尺寸以mm计。
2.渠槽生产工艺见图QD-ZP-01。

限位孔

湖南省农村小型水利工程典型设计图集		渠系及渠系建筑物工程分册	
图名	矩形渠道转弯设计图	图号	QD-ZP-18

矩形渠道转弯特性表

型号	转弯角度（°）	b(mm)	b1(mm)	b2(mm)	b3(mm)	x(mm)	R(mm)	c(mm)	c1(mm)	型号	转弯角度（°）	b(mm)	b1(mm)	b2(mm)	b3(mm)	x(mm)	R(mm)	c(mm)	c1(mm)
300型	10	300	32	40	80	65	750	163	99	800型	10	800	84	50	100	240	2000	433	264
	15						750	244	149		15						2000	650	397
	30						750	488	297		30						2000	1300	793
	45						750	732	446		45						2000	1950	1190
	90						750	1463	892	900型	10	900	95	50	100	290	2250	488	297
400型	10	400	42	40	80	80	1000	217	132		15						2250	731	446
	15						1000	325	198		30						2250	1463	892
	30						1000	650	397		45						1800	1841	985
	45						1000	975	595	1000型	10	1000	105	50	100	340	2500	542	331
	90						1000	1950	1190		15						2500	812	496
500型	10	500	53	40	80	90	1250	271	165		30						2500	1625	992
	15						1250	406	248		45						1500	1652	703
	30						1250	813	496	1100型	10	1100	116	50	100	390	2750	596	364
	45						1250	1219	743		15						2750	894	545
	90						750	1653	702		30						2750	1788	1091
600型	10	600	63	40	80	140	1500	325	198		45						1650	1818	772
	15						1500	487	298	1200型	10	1200	116	50	100	440	3000	648	398
	30						1500	975	595		15						3000	972	598
	45						1500	1462	893		30						3000	1945	1195
	90						900	1983	843		45						1800	1975	851
700型	10	700	74	50	100	190	1750	379	231	1300型	10	1300	137	50	100	490	3250	704	430
	15						1750	569	347		15						3250	1056	644
	30						1750	1138	694		30						2600	1773	949
	45						1750	1707	1041	1400型	10	1400	147	50	100	540	3500	758	463
											15						3500	1137	694
											30						2800	1909	1022
										1500型	10	1500	158	50	100	590	3750	813	496
											15						3750	1219	744
											30						2250	1653	702

矩形接口装配式三通设计图
1:10

1—1剖视图
1:10

2—2剖视图
1:10

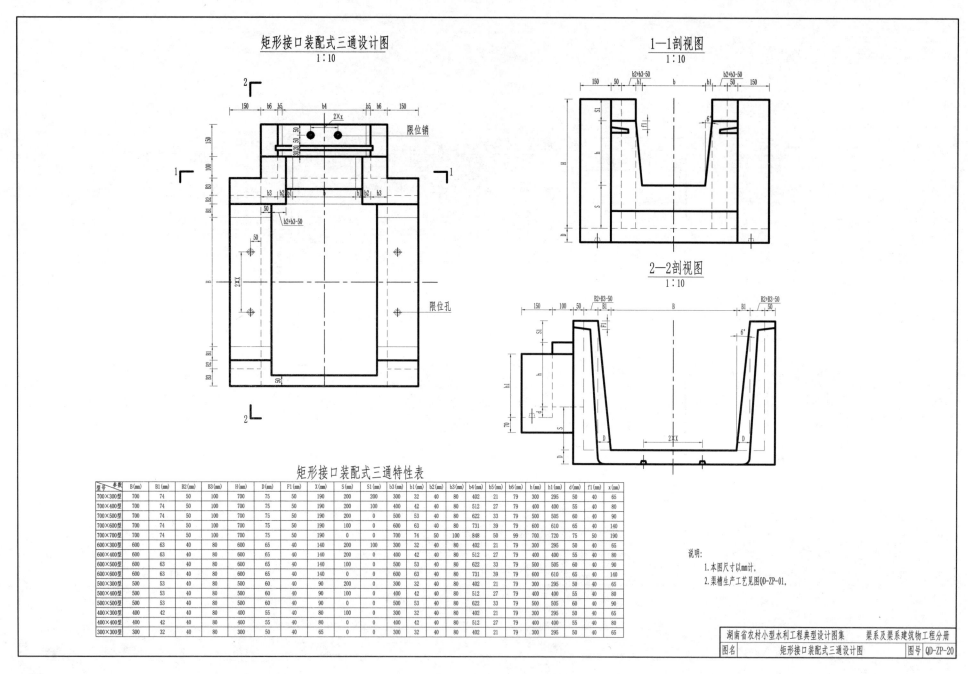

矩形接口装配式三通特性表

型号＼参数	B(mm)	B1(mm)	B2(mm)	B3(mm)	H(mm)	D(mm)	F1(mm)	X(mm)	S(mm)	S1(mm)	b3(mm)	b1(mm)	b2(mm)	b3(mm)	b4(mm)	b5(mm)	b6(mm)	h(mm)	h1(mm)	d(mm)	f1(mm)	x(mm)
700×300型	700	74	50	100	700	75	50	190	200	200	300	32	40	80	402	21	79	300	295	50	40	65
700×400型	700	74	50	100	700	75	50	190	200	100	400	42	40	80	512	27	79	400	400	55	40	80
700×500型	700	74	50	100	700	75	50	190	200	0	500	53	40	80	622	33	79	500	505	60	40	90
700×600型	700	74	50	100	700	75	50	190	100	0	600	63	40	80	731	39	79	600	610	65	40	140
700×700型	700	74	50	100	700	75	50	190	0	0	700	74	50	100	848	50	99	700	720	75	50	190
600×300型	600	63	40	80	600	65	40	140	200	100	300	32	40	80	402	21	79	300	295	50	40	65
600×400型	600	63	40	80	600	65	40	140	200	0	400	42	40	80	512	27	79	400	400	55	40	80
600×500型	600	63	40	80	600	65	40	140	100	0	500	53	40	80	622	33	79	500	505	60	40	90
600×600型	600	63	40	80	600	65	40	140	0	0	600	63	40	80	731	39	79	600	610	65	40	140
500×300型	500	53	40	80	500	60	40	90	200	100	300	32	40	80	402	21	79	300	295	50	40	65
500×400型	500	53	40	80	500	60	40	90	100	0	400	42	40	80	512	27	79	400	400	55	40	80
500×500型	500	53	40	80	500	60	40	90	0	0	500	53	40	80	622	33	79	500	505	60	40	90
400×300型	400	42	40	80	400	55	40	80	100	0	300	32	40	80	402	21	79	300	295	50	40	65
400×400型	400	42	40	80	400	55	40	80	0	0	400	42	40	80	512	27	79	400	400	55	40	80
300×300型	300	32	40	80	300	50	40	65	0	0	300	32	40	80	402	21	79	300	295	50	40	65

说明：
1. 本图尺寸以mm计。
2. 渠槽生产工艺见图QD-ZP-01。

湖南省农村小型水利工程典型设计图集	渠系及渠系建筑物工程分册
图名 矩形接口装配式三通设计图	图号 QD-ZP-20

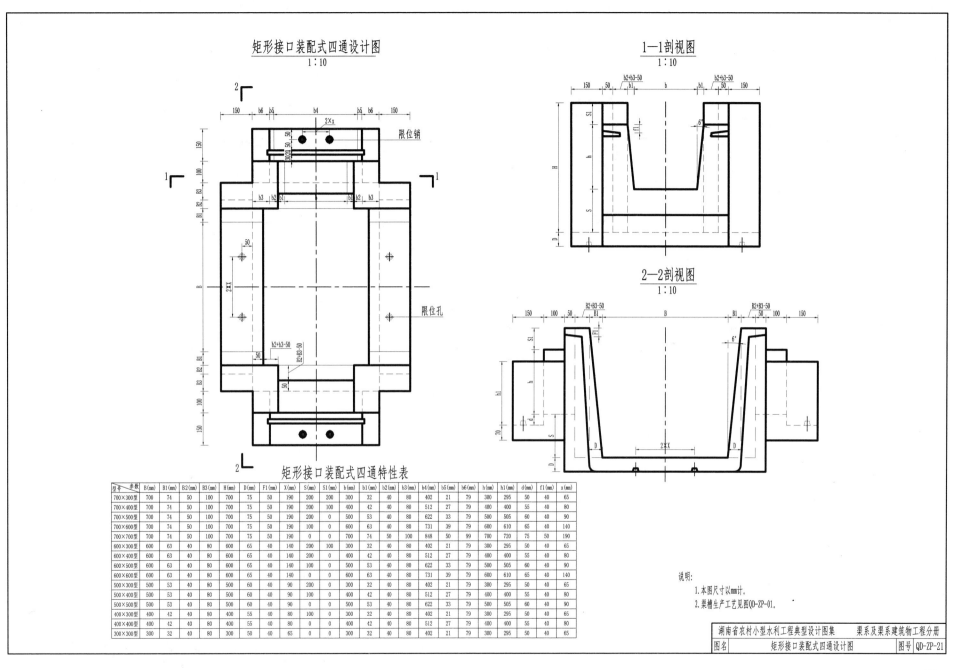

矩形接口装配式四通设计图
1:10

1—1剖视图
1:10

2—2剖视图
1:10

矩形接口装配式四通特性表

型号\参数	B(mm)	B1(mm)	B2(mm)	B3(mm)	H(mm)	D(mm)	F1(mm)	X(mm)	S(mm)	S1(mm)	b(mm)	b1(mm)	b2(mm)	b3(mm)	b4(mm)	b5(mm)	b6(mm)	h(mm)	h1(mm)	d(mm)	f1(mm)	x(mm)
700×300型	700	74	50	100	700	75	50	190	200	200	300	32	40	80	402	21	79	300	295	50	40	65
700×400型	700	74	50	100	700	75	50	190	200	100	400	42	40	80	512	27	79	400	400	55	40	80
700×500型	700	74	50	100	700	75	50	190	200	0	500	53	40	80	622	33	79	500	505	60	40	90
700×600型	700	74	50	100	700	75	50	190	100	0	600	63	40	80	731	39	79	600	610	65	40	140
700×700型	700	74	50	100	700	75	50	190	0	0	700	74	50	100	848	50	99	700	720	75	50	190
600×300型	600	63	40	80	600	65	40	140	200	100	300	32	40	80	402	21	79	300	295	50	40	65
600×400型	600	63	40	80	600	65	40	140	200	0	400	42	40	80	512	27	79	400	400	55	40	80
600×500型	600	63	40	80	600	65	40	140	100	0	500	53	40	80	622	33	79	500	505	60	40	90
600×600型	600	63	40	80	600	65	40	140	0	0	600	63	40	80	731	39	79	600	610	65	40	140
500×300型	500	53	40	80	500	60	40	90	200	0	300	32	40	80	402	21	79	300	295	50	40	65
500×400型	500	53	40	80	500	60	40	90	100	0	400	42	40	80	512	27	79	400	400	55	40	80
500×500型	500	53	40	80	500	60	40	90	0	0	500	53	40	80	622	33	79	500	505	60	40	90
400×300型	400	42	40	80	400	55	40	80	100	0	300	32	40	80	402	21	79	300	295	50	40	65
400×400型	400	42	40	80	400	55	40	80	0	0	400	42	40	80	512	27	79	400	400	55	40	80
300×300型	300	32	40	80	300	50	40	65	0	0	300	32	40	80	402	21	79	300	295	50	40	65

限位销
限位孔
2×x
2×X

说明:
1.本图尺寸以mm计。
2.渠槽生产工艺见图QD-ZP-01。

湖南省农村小型水利工程典型设计图集	渠系及渠系建筑物工程分册	
图名	矩形接口装配式四通设计图	图号 QD-ZP-21

27

矩形渠槽侧向分水口设计图
1∶10

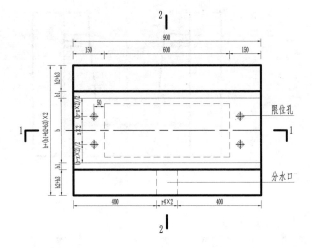

限位孔

分水口

2

1

2—2剖视图
1∶10

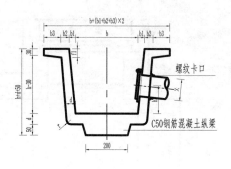

螺纹卡口

C50钢筋混凝土纵梁

1—1剖视图
1∶10

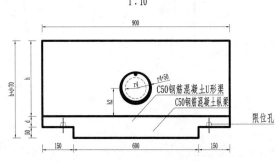

C50钢筋混凝土U形渠
C50钢筋混凝土纵梁
限位孔

矩形渠槽侧向分水口特性表

型号	b(mm)	b1(mm)	b2(mm)	b3(mm)	h(mm)	d(mm)	f1(mm)	r(mm)	x(mm)	r4(mm)	h2(mm)
300型	300	32	40	80	300	50	40	20	65	100	150
400型	400	42	40	80	400	55	40	20	80	100	150
500型	500	53	40	80	500	60	40	30	90	100	150
600型	600	63	40	80	600	65	40	30	140	100	150
700型	700	74	50	100	700	75	50	30	190	200	200
800型	800	84	50	100	800	80	50	40	240	200	200
900型	900	95	50	100	900	85	50	40	290	200	200
1000型	1000	105	50	100	1000	90	50	50	340	200	200
1100型	1100	116	50	100	1100	90	50	50	390	300	250
1200型	1200	116	50	100	1200	90	50	60	440	300	250
1300型	1300	137	50	100	1300	100	50	60	490	300	250
1400型	1400	147	50	100	1400	100	50	65	540	300	250
1500型	1500	158	50	100	1500	105	50	65	590	300	250

说明：
1.本图尺寸以mm计。
2.渠槽生产工艺见图QD-ZP-01。

湖南省农村小型水利工程典型设计图集	渠系及渠系建筑物工程分册	
图名	矩形渠槽侧向分水口设计图	图号 QD-ZP-22

T型装配式渠槽典型设计俯视图
1:10

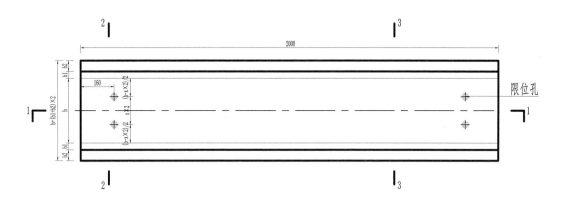

限位孔

T型装配式渠槽典型设计侧视图
1:10

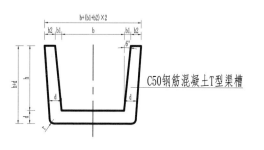

C50钢筋混凝土T型渠槽

T型装配式渠槽典型设计正视图
1:10

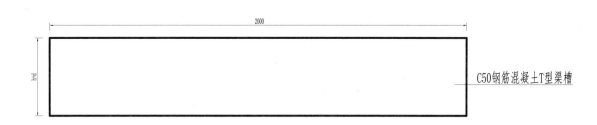

C50钢筋混凝土T型渠槽

说明:
1. 本图尺寸以mm计。
2. 本图为渠道与承插墩分离装配式渠道设计图,主要材料采用C50混凝土,钢筋布置详见图QD-ZP-19。
3. 接口处采用限位销对装配式渠道预制构件进行限位,同时采用GB胶带止水。
4. 渠槽生产工艺见图QD-ZP-01。
5. 未尽事宜请参照相关标准执行。

湖南省农村小型水利工程典型设计图集	渠系及渠系建筑物工程分册	
图名	T型装配式渠槽典型设计图一	图号 QD-ZP-23

1—1剖视图
1:10

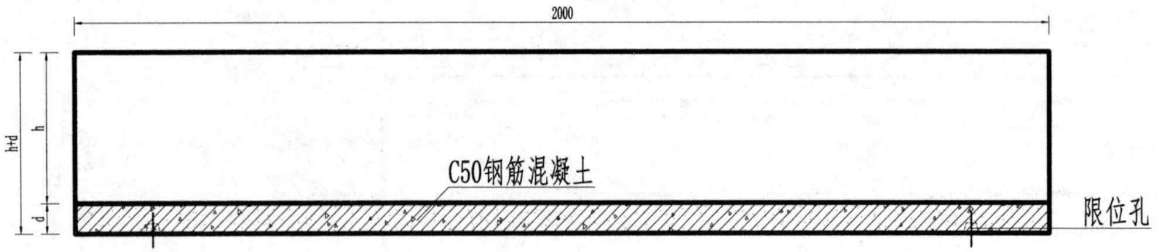

C50钢筋混凝土

限位孔

2—2剖面图
1:10

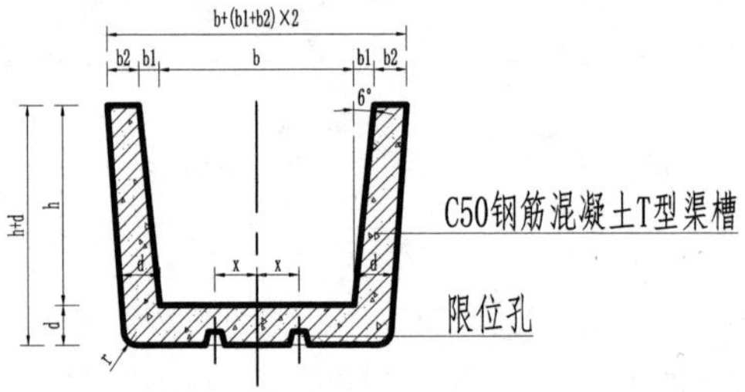

C50钢筋混凝土T型渠槽

限位孔

3—3剖面图
1:10

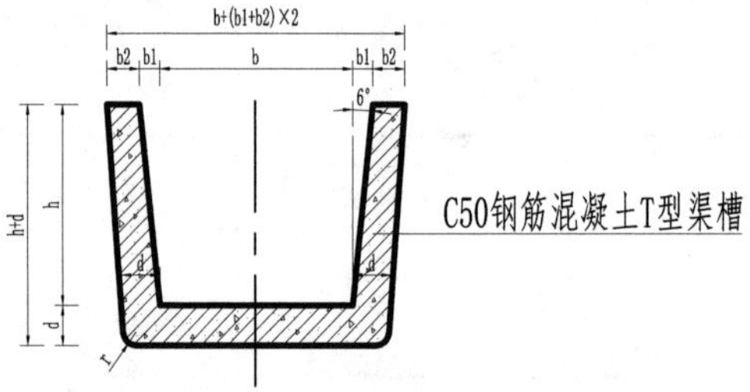

C50钢筋混凝土T型渠槽

说明:
1. 本图尺寸以mm计。
2. 本图为渠道与承插墩分离装配式渠道设计图,主要材料采用C50混凝土,钢筋布置详见图QD-ZP-19。
3. 接口处采用限位销对装配式渠道预制构件进行限位,同时采用GB胶带止水。
4. 渠槽生产工艺见图QD-ZP-01。
5. 未尽事宜请参照相关标准执行。

湖南省农村小型水利工程典型设计图集　渠系及渠系建筑物工程分册

图名	T型装配式渠槽典型设计图二	图号	QD-ZP-24

T型装配式渠槽搭接典型设计图
1：10

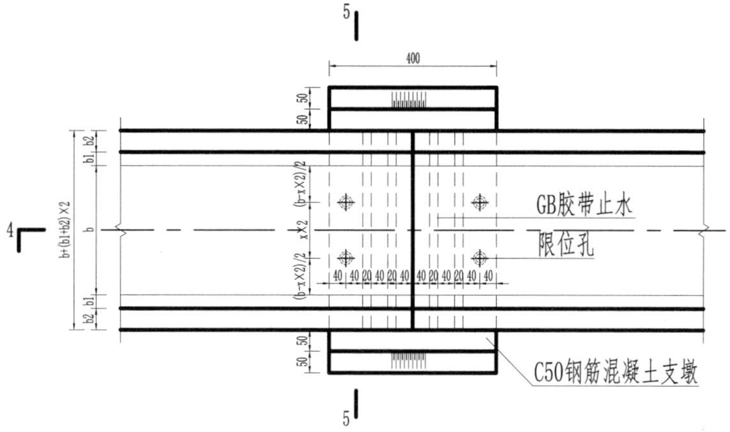

GB胶带止水
限位孔
C50钢筋混凝土支墩

5—5剖面图
1：10

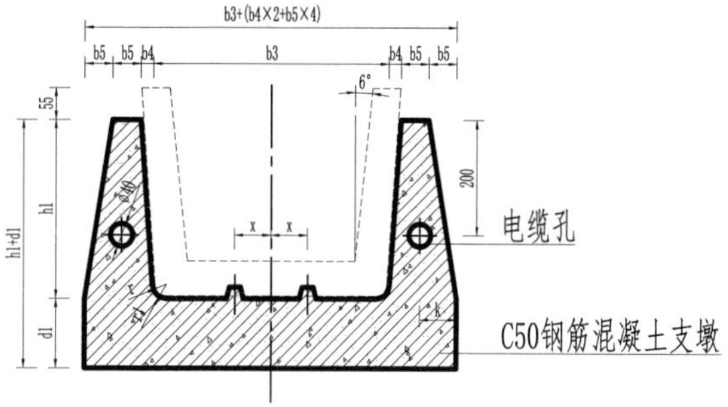

电缆孔
C50钢筋混凝土支墩

4—4剖视图
1：10

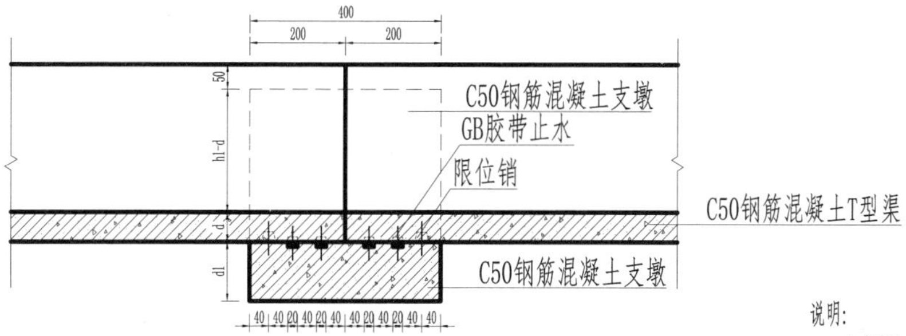

C50钢筋混凝土支墩
GB胶带止水
限位销
C50钢筋混凝土T型渠
C50钢筋混凝土支墩

说明：
1.本图尺寸以mm计。
2.本图为渠道与承插墩分离装配式渠道设计图，主要材料采用C50混凝土，钢筋布置详见图QD-ZP-20。
3.接口处采用限位销对装配式渠道预制构件进行限位，同时采用GB胶带止水。
4.渠槽生产工艺见图QD-ZP-01。
5.未尽事宜请参照相关标准执行。

湖南省农村小型水利工程典型设计图集		渠系及渠系建筑物工程分册
图名	T型装配式渠槽典型设计图三	图号 QD-ZP-25

31

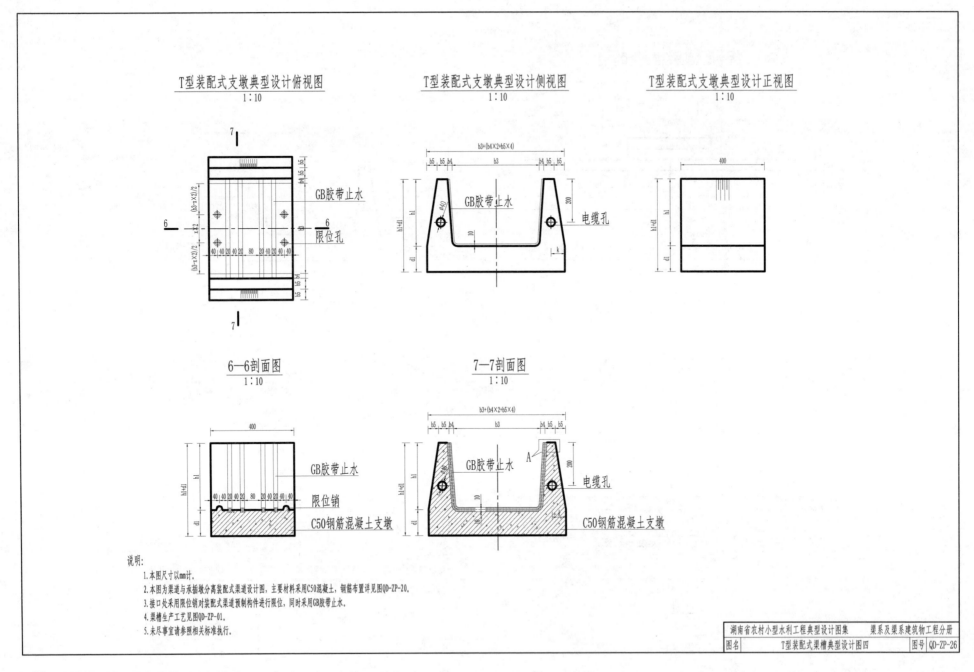

T型装配式支墩典型设计俯视图
1:10

T型装配式支墩典型设计侧视图
1:10

T型装配式支墩典型设计正视图
1:10

GB胶带止水

限位孔

电缆孔

6—6剖面图
1:10

7—7剖面图
1:10

400

GB胶带止水

限位销

C50钢筋混凝土支墩

GB胶带止水

电缆孔

C50钢筋混凝土支墩

说明:
1.本图尺寸以mm计。
2.本图为渠道与承插墩分离装配式渠道设计图,主要材料采用C50混凝土,钢筋布置详见图QD-ZP-20。
3.接口处采用限位销对装配式渠道预制构件进行限位,同时采用GB胶带止水。
4.渠槽生产工艺见图QD-ZP-01。
5.未尽事宜请参照相关标准执行。

湖南省农村小型水利工程典型设计图集　　渠系及渠系建筑物工程分册

| 图名 | T型装配式渠槽典型设计图四 | 图号 | QD-ZP-26 |

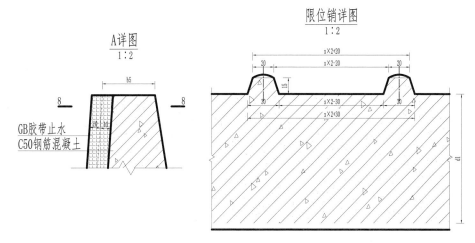

A详图
1:2

GB胶带止水
C50钢筋混凝土

限位销详图
1:2

8—8剖面图
1:10

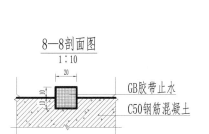

GB胶带止水
C50钢筋混凝土

说明:
1.本图尺寸以mm计。
2.本图为渠道与承插墩分离装配式渠道设计图,主要材料采用C50混凝土,钢筋布置详见图QD-ZP-20。
3.接口处采用限位销对装配式渠道预制构件进行限位,同时采用GB胶带止水。
4.渠槽生产工艺见图QD-ZP-01。
5.未尽事宜请参照相关标准执行。

T型装配式渠槽工程特性表

参数 型号	b	b1	b2	b3	b4	b5	h	h1	d	d1	r	r1	x	k
T300型	300	32	50	421	22	60	300	310	60	120	20	25	65	71
T400型	400	42	50	531	28	60	400	415	65	120	20	25	80	75
T500型	500	53	50	640	34	60	500	520	70	120	30	35	90	77
T600型	600	63	50	739	45	60	600	620	70	120	30	35	140	79
T700型	700	74	50	849	51	60	700	725	75	150	30	35	190	80
T800型	800	84	50	959	56	60	800	830	80	150	40	45	240	81
T900型	900	95	50	1068	62	80	900	935	85	150	40	45	290	86
T1000型	1000	105	50	1178	68	80	1000	1040	90	150	50	55	340	87
T1100型	1100	116	50	1277	79	80	1100	1140	90	200	50	55	390	102
T1200型	1200	116	50	1376	89	80	1200	1240	90	200	60	65	440	102
T1300型	1300	137	50	1490	90	80	1300	1350	100	200	60	65	490	102
T1400型	1400	147	50	1595	101	80	1400	1450	100	200	65	70	540	103
T1500型	1500	158	50	1715	102	80	1500	1560	110	200	65	70	590	103

T型装配式渠槽工程量表

型号	单个支墩		单节渠槽				每米渠道用量		
	C50混凝土(m³)	重量(kg)	C50混凝土(m³)	GB胶长(m)	GB胶面积(m²)	重量(kg)	C50混凝土(m³)	GB胶长(m)	GB胶面积(m²)
T300型	0.053	133	0.116	4.170	0.834	291	0.085	2.085	0.417
T400型	0.068	171	0.161	5.452	1.090	402	0.115	2.726	0.545
T500型	0.084	211	0.210	6.729	1.346	524	0.147	3.364	0.673
T600型	0.101	253	0.248	7.929	1.586	619	0.174	3.965	0.793
T700型	0.131	328	0.303	9.210	1.842	756	0.217	4.605	0.921
T800型	0.150	375	0.362	10.491	2.098	904	0.256	5.246	1.049
T900型	0.194	485	0.425	11.768	2.354	1062	0.309	5.884	1.177
T1000型	0.217	541	0.492	13.050	2.610	1231	0.354	6.525	1.305
T1100型	0.273	683	0.538	14.250	2.850	1346	0.406	7.125	1.425
T1200型	0.300	751	0.584	15.450	3.090	1461	0.442	7.725	1.545
T1300型	0.325	812	0.690	16.784	3.357	1725	0.507	8.392	1.678
T1400型	0.354	886	0.740	18.008	3.602	1850	0.547	9.004	1.801
T1500型	0.380	949	0.858	19.367	3.873	2146	0.619	9.683	1.937

限位孔详图
1:2

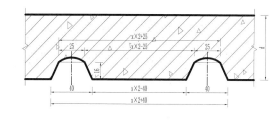

	湖南省农村小型水利工程典型设计图集	渠系及渠系建筑物工程分册
图名	T型装配式渠槽典型设计图五	图号 QD-ZP-27

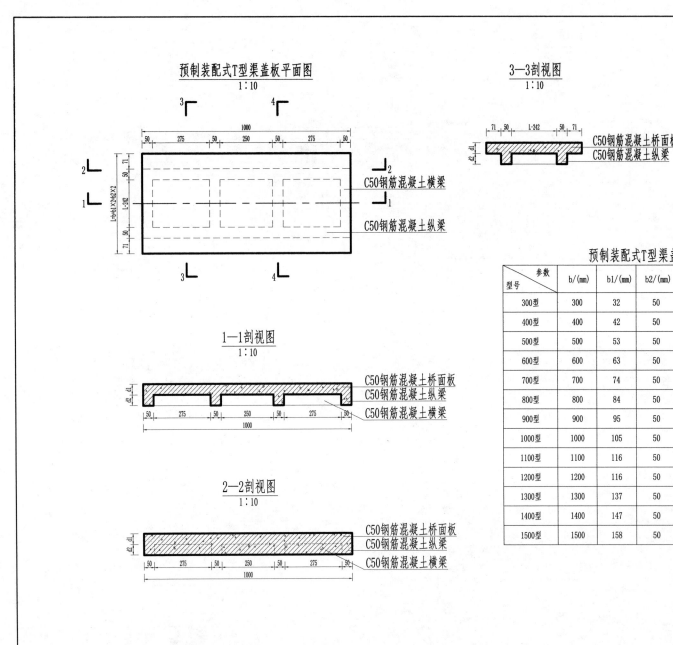

预制装配式T型渠盖板平面图
1∶10

C50钢筋混凝土横梁

C50钢筋混凝土纵梁

1—1剖视图
1∶10

C50钢筋混凝土桥面板
C50钢筋混凝土纵梁
C50钢筋混凝土横梁

2—2剖视图
1∶10

C50钢筋混凝土桥面板
C50钢筋混凝土纵梁
C50钢筋混凝土横梁

3—3剖视图
1∶10

C50钢筋混凝土桥面板
C50钢筋混凝土纵梁

4—4剖视图
1∶10

C50钢筋混凝土桥面板
C50钢筋混凝土纵梁

预制装配式T型渠盖板工程量及特性表

参数 型号	b/(mm)	b1/(mm)	b2/(mm)	d1/(mm)	d2/(mm)	f/(mm)	C50混凝土/(m³)
300型	300	32	50	50	50	5	0.03164
400型	400	42	50	50	50	5	0.03884
500型	500	53	50	50	50	5	0.04616
600型	600	63	50	50	50	5	0.05336
700型	700	74	50	50	50	5	0.06068
800型	800	84	50	50	50	5	0.06788
900型	900	95	50	50	50	5	0.0752
1000型	1000	105	50	80	70	7	0.12846
1100型	1100	116	50	80	70	7	0.139928
1200型	1200	116	50	80	70	7	0.149328
1300型	1300	137	50	80	70	7	0.162676
1400型	1400	147	50	80	70	7	0.173956
1500型	1500	158	50	80	70	7	0.185424

说明:
1.本图尺寸以mm计.
2.渠槽生产工艺图见图QD-ZP-01.

T型接口装配式生物通道典型设计图
1:10

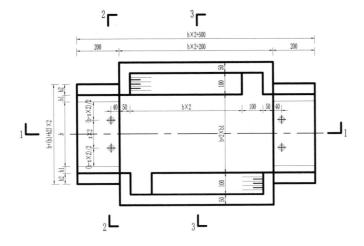

2—2剖视图
1:10

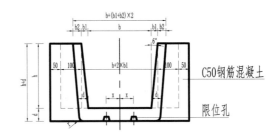

C50钢筋混凝土

限位孔

1—1剖视图
1:10

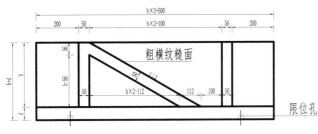

粗横纹糙面

限位孔

3—3剖视图
1:10

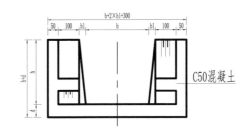

C50混凝土

T型接口装配式生物通道工程量及特性表

参数 型号	b/(mm)	b1/(mm)	b2/(mm)	h/(mm)	d/(mm)	r/(mm)	x/(mm)	C50混凝土/(m³)
300型	300	32	50	300	60	20	65	0.092
400型	400	42	50	400	65	20	80	0.141
500型	500	53	50	500	70	30	90	0.201
600型	600	63	50	600	70	30	140	0.263

说明:
1. 本图尺寸以mm计。
2. 渠槽生产工艺图QD-ZP-01。

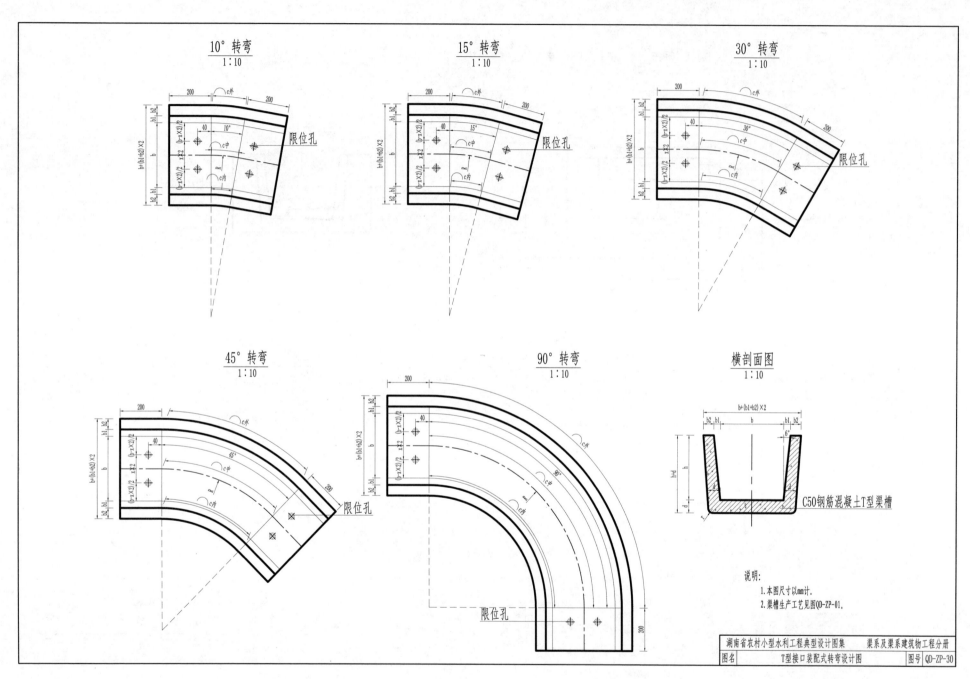

说明：
1. 本图尺寸以mm计。
2. 渠槽生产工艺见图QD-ZP-01。

湖南省农村小型水利工程典型设计图集　渠系及渠系建筑物工程分册

| 图名 | T型接口装配式转弯设计图 | 图号 | QD-ZP-30 |

T型渠道转弯工程量及特性表

型号	转弯角度(°)	b(mm)	b1(mm)	b2(mm)	x(mm)	R(mm)	C外(mm)	C内(mm)	C中(mm)	C50混凝土(m³)
300型	10	300	32	50	65	750	163	99	131	0.031
	15					750	244	149	196	0.035
	30					750	488	297	393	0.046
	45					750	732	446	589	0.058
	90					750	1463	892	1178	0.092
400型	10	400	42	50	80	1000	217	132	174	0.046
	15					1000	325	198	262	0.053
	30					1000	650	397	523	0.074
	45					1000	975	595	785	0.095
	90					1000	1950	1190	1570	0.158
500型	10	500	53	50	90	1250	271	165	218	0.065
	15					1250	406	248	327	0.076
	30					1250	813	496	654	0.110
	45					1250	1219	743	981	0.145
	90					750	1653	702	1178	0.165
600型	10	600	63	50	140	1500	325	198	262	0.082
	15					1500	487	298	393	0.098
	30					1500	975	595	785	0.147
	45					1500	1462	893	1178	0.195
	90					900	1983	843	1413	0.224
700型	10	700	74	50	190	1750	379	231	305	0.107
	15					1750	569	347	458	0.130
	30					1750	1138	694	916	0.199
	45					1750	1707	1041	1374	0.268

型号	转弯角度(°)	b(mm)	b1(mm)	b2(mm)	x(mm)	R(mm)	C外(mm)	C内(mm)	C中(mm)	C50混凝土(m³)
800型	10	800	84	50	240	2000	433	264	349	0.135
	15					2000	650	397	523	0.167
	30					2000	1300	793	1047	0.262
	45					2000	1950	1190	1570	0.356
900型	10	900	95	50	290	2250	488	297	393	0.168
	15					2250	731	446	589	0.210
	30					2250	1463	892	1178	0.335
	45					1800	1841	985	1413	0.385
1000型	10	1000	105	50	340	2500	542	331	436	0.206
	15					2500	812	496	654	0.260
	30					2500	1625	992	1308	0.421
	45					1500	1652	703	1178	0.388
1100型	10	1100	116	50	390	2750	596	364	480	0.237
	15					2750	894	545	720	0.301
	30					2750	1788	1091	1439	0.495
	45					1650	1818	772	1295	0.456
1200型	10	1200	116	50	440	3000	648	398	523	0.270
	15					3000	972	598	785	0.346
	30					3000	1945	1195	1570	0.576
	45					1800	1975	851	1413	0.530
1300型	10	1300	137	50	490	3250	704	430	567	0.334
	15					3250	1056	644	850	0.431
	30					2600	1773	949	1361	0.607
1400型	10	1400	147	50	540	3500	758	463	611	0.374
	15					3500	1137	694	916	0.487
	30					2800	1909	1022	1465	0.690
1500型	10	1500	158	50	590	3750	813	496	654	0.434
	15					3750	1219	744	981	0.569
	30					2250	1653	702	1178	0.650

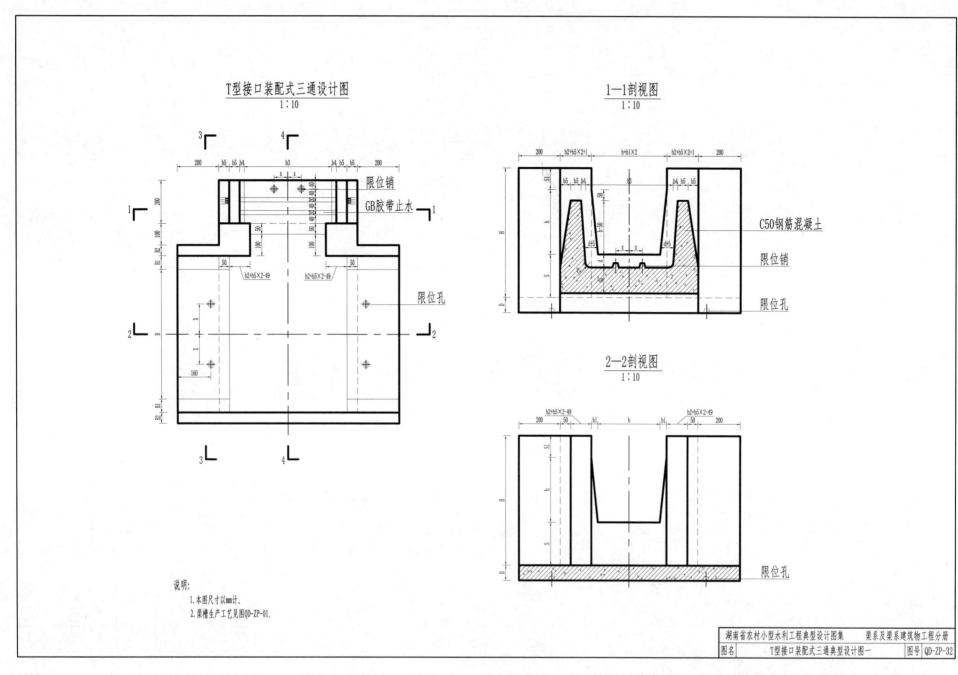

T型接口装配式三通设计图
1:10

限位销

GB胶带止水

1—1

限位孔

b2+b5×2-49
b2+b5×2-49

1—1剖视图
1:10

200 b2+b5×2+1 b+b1×2 b2+b5×2+1 200

b5 b5 b4 b3 b4 b5 b5

C50钢筋混凝土

限位销

限位孔

2—2剖视图
1:10

200 b2+b5×2-49 b1 b b1 b2+b5×2-49 200

限位孔

说明:
1.本图尺寸以mm计.
2.渠槽生产工艺见图QD-ZP-01.

湖南省农村小型水利工程典型设计图集	渠系及渠系建筑物工程分册	
图名	T型接口装配式三通典型设计图一	图号 QD-ZP-32

3—3剖视图
1：10

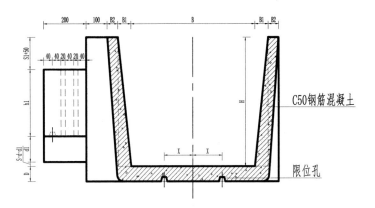

C50钢筋混凝土

限位孔

4—4剖视图
1：10

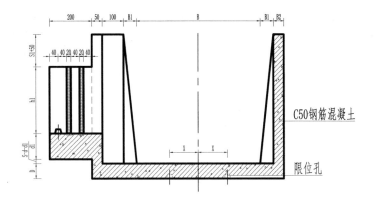

C50钢筋混凝土

限位孔

说明：
1.本图尺寸以mm计。
2.渠槽生产工艺见图QD-ZP-01。

T型接口装配式三通工程量及特性表

型号\参数	B(mm)	B1(mm)	B2(mm)	H(mm)	D(mm)	X(mm)	S(mm)	S1(mm)	b(mm)	b1(mm)	b2(mm)	b3(mm)	b4(mm)	b5(mm)	h(mm)	h1(mm)	d(mm)	d1(mm)	x(mm)	C50混凝土(m³)
1500×300型	1500	158	50	1500	105	590	600	600	300	32	50	421	22	50	300	310	60	120	65	0.4851
1500×400型	1500	158	50	1500	105	590	600	500	400	42	50	531	28	50	400	415	65	120	80	0.5311
1500×500型	1500	158	50	1500	105	590	600	400	500	53	50	640	34	50	500	520	70	120	90	0.5772
1500×600型	1500	158	50	1500	105	590	600	300	600	63	50	739	45	50	600	620	70	120	140	0.6240
1500×700型	1500	158	50	1500	105	590	600	200	700	74	50	849	51	50	700	725	75	150	190	0.6781
1500×800型	1500	158	50	1500	105	590	600	100	800	84	50	959	56	50	800	830	80	150	240	0.7256
1500×900型	1500	158	50	1500	105	590	600	0	900	95	50	1068	62	50	900	935	85	150	290	0.7739
1500×1000型	1500	158	50	1500	105	590	500	0	1000	105	50	1178	68	50	1000	1040	90	150	340	0.8168
1500×1100型	1500	158	50	1500	105	590	400	0	1100	116	50	1277	79	60	1100	1140	90	200	390	0.9047
1500×1200型	1500	158	50	1500	105	590	300	0	1200	116	50	1376	89	60	1200	1240	90	200	440	0.9467
1500×1300型	1500	158	50	1500	105	590	200	0	1300	137	50	1490	90	60	1300	1350	100	200	490	0.9870
1500×1400型	1500	158	50	1500	105	590	100	0	1400	147	50	1595	101	60	1400	1450	100	200	540	1.0312
1500×1500型	1500	158	50	1500	105	590	0	0	1500	158	50	1715	102	60	1500	1555	105	200	590	1.0703
1400×300型	1400	147	50	1400	100	540	600	500	300	32	50	421	22	50	300	310	60	120	65	0.4425
1400×400型	1400	147	50	1400	100	540	600	400	400	42	50	531	28	50	400	415	65	120	80	0.4852
1400×500型	1400	147	50	1400	100	540	600	300	500	53	50	640	34	50	500	520	70	120	90	0.5280
1400×600型	1400	147	50	1400	100	540	600	200	600	63	50	739	45	50	600	620	70	120	140	0.5715
1400×700型	1400	147	50	1400	100	540	600	100	700	74	50	849	51	50	700	725	75	150	190	0.6223
1400×800型	1400	147	50	1400	100	540	600	0	800	84	50	959	56	50	800	830	80	150	240	0.6664
1400×900型	1400	147	50	1400	100	540	500	0	900	95	50	1068	62	50	900	935	85	150	290	0.7060
1400×1000型	1400	147	50	1400	100	540	400	0	1000	105	50	1178	68	50	1000	1040	90	150	340	0.7449
1400×1100型	1400	147	50	1400	100	540	300	0	1100	116	50	1277	79	60	1100	1140	90	200	390	0.8273
1400×1200型	1400	147	50	1400	100	540	200	0	1200	116	50	1376	89	60	1200	1240	90	200	440	0.8655
1400×1300型	1400	147	50	1400	100	540	100	0	1300	137	50	1490	90	60	1300	1350	100	200	490	0.9019
1400×1400型	1400	147	50	1400	100	540	0	0	1400	147	50	1595	101	60	1400	1450	100	200	540	0.9421
1300×300型	1300	137	50	1300	100	490	500	500	300	32	50	421	22	50	300	310	60	120	65	0.4121
1300×400型	1300	137	50	1300	100	490	500	400	400	42	50	531	28	50	400	415	65	120	80	0.4521
1300×500型	1300	137	50	1300	100	490	500	300	500	53	50	640	34	50	500	520	70	120	90	0.4922
1300×600型	1300	137	50	1300	100	490	500	200	600	63	50	739	45	50	600	620	70	120	140	0.5330
1300×700型	1300	137	50	1300	100	490	500	100	700	74	50	849	51	50	700	725	75	150	190	0.5812
1300×800型	1300	137	50	1300	100	490	500	0	800	84	50	959	56	50	800	830	80	150	240	0.6227
1300×900型	1300	137	50	1300	100	490	400	0	900	95	50	1068	62	50	900	935	85	150	290	0.6596
1300×1000型	1300	137	50	1300	100	490	300	0	1000	105	50	1178	68	50	1000	1040	90	150	340	0.6959
1300×1100型	1300	137	50	1300	100	490	200	0	1100	116	50	1277	79	60	1100	1140	90	200	390	0.7743
1300×1200型	1300	137	50	1300	100	490	100	0	1200	116	50	1376	89	60	1200	1240	90	200	440	0.8100
1300×1300型	1300	137	50	1300	100	490	0	0	1300	137	50	1490	90	60	1300	1350	100	200	490	0.8437
1200×300型	1200	116	50	1200	90	440	500	400	300	32	50	421	22	50	300	310	60	120	65	0.3589
1200×400型	1200	116	50	1200	90	440	500	300	400	42	50	531	28	50	400	415	65	120	80	0.3946
1200×500型	1200	116	50	1200	90	440	500	200	500	53	50	640	34	50	500	520	70	120	90	0.4304
1200×600型	1200	116	50	1200	90	440	500	100	600	63	50	739	45	50	600	620	70	120	140	0.4670
1200×700型	1200	116	50	1200	90	440	500	0	700	74	50	849	51	50	700	725	75	150	190	0.5107
1200×800型	1200	116	50	1200	90	440	400	0	800	84	50	959	56	50	800	830	80	150	240	0.5432
1200×900型	1200	116	50	1200	90	440	300	0	900	95	50	1068	62	50	900	935	85	150	290	0.5752
1200×1000型	1200	116	50	1200	90	440	200	0	1000	105	50	1178	68	50	1000	1040	90	150	340	0.6065

T型接口装配式三通工程量及特性表（续表）

型号	B(mm)	B1(mm)	B2(mm)	H(mm)	D(mm)	X(mm)	S(mm)	S1(mm)	b(mm)	b1(mm)	b2(mm)	b3(mm)	b4(mm)	b5(mm)	h(mm)	h1(mm)	d(mm)	d1(mm)	x(mm)	C50混凝土(m³)
1200×1100型	1200	116	50	1200	90	440	100	0	1100	116	50	1277	79	60	1100	1140	90	200	390	0.6780
1200×1200型	1200	116	50	1200	90	440	0	0	1200	116	50	1376	89	60	1200	1240	90	200	440	0.7089
1100×300型	1100	116	50	1100	90	390	400	400	300	32	50	421	22	50	300	310	60	120	65	0.3329
1100×400型	1100	116	50	1100	90	390	400	300	400	42	50	531	28	50	400	415	65	120	80	0.3662
1100×500型	1100	116	50	1100	90	390	400	200	500	53	50	640	34	50	500	520	70	120	90	0.3998
1100×600型	1100	116	50	1100	90	390	400	100	600	63	50	739	45	50	600	620	70	120	140	0.4340
1100×700型	1100	116	50	1100	90	390	400	0	700	74	50	849	51	50	700	725	75	150	190	0.4755
1100×800型	1100	116	50	1100	90	390	300	0	800	84	50	959	56	50	800	830	80	150	240	0.5056
1100×900型	1100	116	50	1100	90	390	200	0	900	95	50	1068	62	50	900	935	85	150	290	0.5353
1100×1000型	1100	116	50	1100	90	390	100	0	1000	105	50	1178	68	50	1000	1040	90	150	340	0.5644
1100×1100型	1100	116	50	1100	90	390	0	0	1100	116	50	1277	79	60	1100	1140	90	200	390	0.6324
1000×300型	1000	105	50	1000	90	340	400	300	300	32	50	421	22	50	300	310	60	120	65	0.3063
1000×400型	1000	105	50	1000	90	340	400	200	400	42	50	531	28	50	400	415	65	120	80	0.3377
1000×500型	1000	105	50	1000	90	340	400	100	500	53	50	640	34	50	500	520	70	120	90	0.3693
1000×600型	1000	105	50	1000	90	340	400	0	600	63	50	739	45	50	600	620	70	120	140	0.4016
1000×700型	1000	105	50	1000	90	340	300	0	700	74	50	849	51	50	700	725	75	150	190	0.4369
1000×800型	1000	105	50	1000	90	340	200	0	800	84	50	959	56	50	800	830	80	150	240	0.4645
1000×900型	1000	105	50	1000	90	340	100	0	900	95	50	1068	62	50	900	935	85	150	290	0.4917
1000×1000型	1000	105	50	1000	90	340	0	0	1000	105	50	1178	68	50	1000	1040	90	150	340	0.5181
900×300型	900	95	50	900	85	290	300	300	300	32	50	421	22	50	300	310	60	120	65	0.2697
900×400型	900	95	50	900	85	290	300	200	400	42	50	531	28	50	400	415	65	120	80	0.2978
900×500型	900	95	50	900	85	290	300	100	500	53	50	640	34	50	500	520	70	120	90	0.3261
900×600型	900	95	50	900	85	290	300	0	600	63	50	739	45	50	600	620	70	120	140	0.3551
900×700型	900	95	50	900	85	290	200	0	700	74	50	849	51	50	700	725	75	150	190	0.3870
900×800型	900	95	50	900	85	290	100	0	800	84	50	959	56	50	800	830	80	150	240	0.4114
900×900型	900	95	50	900	85	290	0	0	900	95	50	1068	62	50	900	935	85	150	290	0.4353
800×300型	800	84	50	800	80	240	300	200	300	32	50	421	22	50	300	310	60	120	65	0.2366
800×400型	800	84	50	800	80	240	300	100	400	42	50	531	28	50	400	415	65	120	80	0.2621
800×500型	800	84	50	800	80	240	300	0	500	53	50	640	34	50	500	520	70	120	90	0.2878
800×600型	800	84	50	800	80	240	200	0	600	63	50	739	45	50	600	620	70	120	140	0.3106
800×700型	800	84	50	800	80	240	100	0	700	74	50	849	51	50	700	725	75	150	190	0.3394
800×800型	800	84	50	800	80	240	0	0	800	84	50	959	56	50	800	830	80	150	240	0.3606
700×300型	700	74	50	700	75	190	200	200	300	32	50	421	22	50	300	310	60	120	65	0.2037
700×400型	700	74	50	700	75	190	200	100	400	42	50	531	28	50	400	415	65	120	80	0.2261
700×500型	700	74	50	700	75	190	200	0	500	53	50	640	34	50	500	520	70	120	90	0.2489
700×600型	700	74	50	700	75	190	100	0	600	63	50	739	45	50	600	620	70	120	140	0.2687
700×700型	700	74	50	700	75	190	0	0	700	74	50	849	51	50	700	725	75	150	190	0.2944
600×300型	600	63	50	600	70	140	200	100	300	32	50	421	22	50	300	310	60	120	65	0.1743
600×400型	600	63	50	600	70	140	200	0	400	42	50	531	28	50	400	415	65	120	80	0.1944
600×500型	600	63	50	600	70	140	100	0	500	53	50	640	34	50	500	520	70	120	90	0.2119
600×600型	600	63	50	600	70	140	0	0	600	63	50	739	45	50	600	620	70	120	140	0.2288
500×300型	500	53	50	500	70	90	200	0	300	32	50	421	22	50	300	310	60	120	65	0.1521
500×400型	500	53	50	500	70	90	100	0	400	42	50	531	28	50	400	415	65	120	80	0.1682
500×500型	500	53	50	500	70	90	0	0	500	53	50	640	34	50	500	520	70	120	90	0.1834
400×300型	400	42	50	400	65	80	100	0	300	32	50	421	22	50	300	310	60	120	65	0.1238
400×400型	400	42	50	400	65	80	0	0	400	42	50	531	28	50	400	415	65	120	80	0.1372
300×300型	300	32	50	300	60	65	0	0	300	32	50	421	22	50	300	310	60	120	65	0.0974

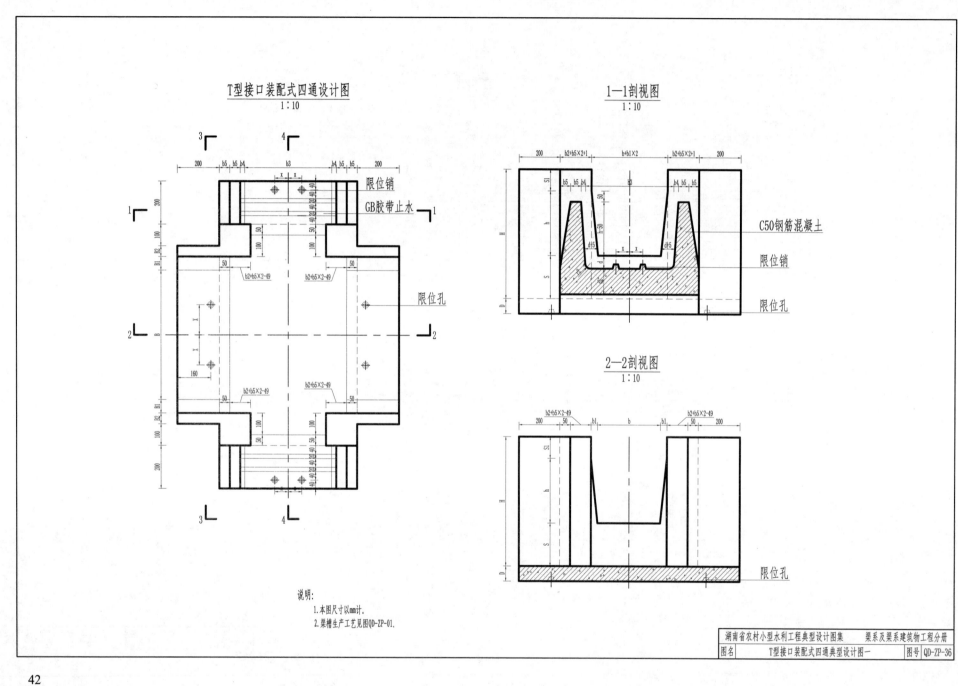

T型接口装配式四通设计图
1:10

限位销
GB胶带止水
限位孔

1—1剖视图
1:10

C50钢筋混凝土
限位销
限位孔

2—2剖视图
1:10

限位孔

说明:
1.本图尺寸以mm计。
2.渠槽生产工艺见图QD-ZP-01。

湖南省农村小型水利工程典型设计图集　　渠系及渠系建筑物工程分册

| 图名 | T型接口装配式四通典型设计图一 | 图号 | QD-ZP-36 |

3—3剖视图
1:10

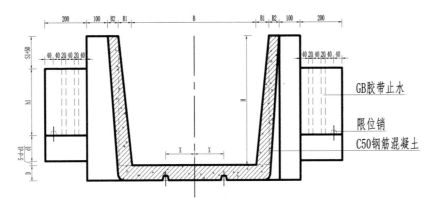

GB胶带止水

限位销

C50钢筋混凝土

4—4剖视图
1:10

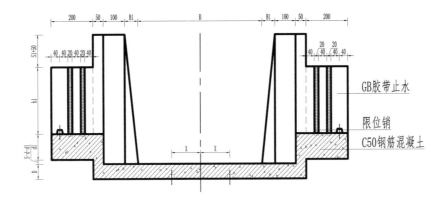

GB胶带止水

限位销

C50钢筋混凝土

说明：
1.本图尺寸以mm计。
2.渠槽生产工艺图见QD-ZP-01。

T型接口装配式四通工程量及特性表

型号	B(mm)	B1(mm)	B2(mm)	H(mm)	D(mm)	X(mm)	S(mm)	S1(mm)	b(mm)	b1(mm)	b2(mm)	b3(mm)	b4(mm)	b5(mm)	h(mm)	h1(mm)	d(mm)	d1(mm)	x(mm)	C50混凝土(m³)
1500×300型	1500	158	50	1500	105	590	600	600	300	32	50	421	22	50	300	310	60	120	65	0.5482
1500×400型	1500	158	50	1500	105	590	600	500	400	42	50	531	28	50	400	415	65	120	80	0.5973
1500×500型	1500	158	50	1500	105	590	600	400	500	53	50	640	34	50	500	520	70	120	90	0.6470
1500×600型	1500	158	50	1500	105	590	600	300	600	63	50	739	45	50	600	620	70	120	140	0.6981
1500×700型	1500	158	50	1500	105	590	600	200	700	74	50	849	51	50	700	725	75	150	190	0.7636
1500×800型	1500	158	50	1500	105	590	600	100	800	84	50	959	56	50	800	830	80	150	240	0.8163
1500×900型	1500	158	50	1500	105	590	600	0	900	95	50	1068	62	50	900	935	85	150	290	0.8705
1500×1000型	1500	158	50	1500	105	590	500	0	1000	105	50	1178	68	50	1000	1040	90	150	340	0.9133
1500×1100型	1500	158	50	1500	105	590	400	0	1100	116	50	1277	79	60	1100	1140	90	200	390	1.0327
1500×1200型	1500	158	50	1500	105	590	300	0	1200	116	50	1376	89	60	1200	1240	90	200	440	1.0748
1500×1300型	1500	158	50	1500	105	590	200	0	1300	137	50	1490	90	60	1300	1350	100	200	490	1.1147
1500×1400型	1500	158	50	1500	105	590	100	0	1400	147	50	1595	101	60	1400	1450	100	200	540	1.1585
1500×1500型	1500	158	50	1500	105	590	0	0	1500	158	50	1715	102	60	1500	1555	105	200	590	1.1939
1400×300型	1400	147	50	1400	100	540	600	500	300	32	50	421	22	50	300	310	60	120	65	0.5041
1400×400型	1400	147	50	1400	100	540	600	400	400	42	50	531	28	50	400	415	65	120	80	0.5504
1400×500型	1400	147	50	1400	100	540	600	300	500	53	50	640	34	50	500	520	70	120	90	0.5973
1400×600型	1400	147	50	1400	100	540	600	200	600	63	50	739	45	50	600	620	70	120	140	0.6457
1400×700型	1400	147	50	1400	100	540	600	100	700	74	50	849	51	50	700	725	75	150	190	0.7083
1400×800型	1400	147	50	1400	100	540	600	0	800	84	50	959	56	50	800	830	80	150	240	0.7583
1400×900型	1400	147	50	1400	100	540	500	0	900	95	50	1068	62	50	900	935	85	150	290	0.7988
1400×1000型	1400	147	50	1400	100	540	400	0	1000	105	50	1178	68	50	1000	1040	90	150	340	0.8377
1400×1100型	1400	147	50	1400	100	540	300	0	1100	116	50	1277	79	60	1100	1140	90	200	390	0.9510
1400×1200型	1400	147	50	1400	100	540	200	0	1200	116	50	1376	89	60	1200	1240	90	200	440	0.9894
1400×1300型	1400	147	50	1400	100	540	100	0	1300	137	50	1490	90	60	1300	1350	100	200	490	1.0252
1400×1400型	1400	147	50	1400	100	540	0	0	1400	147	50	1595	101	60	1400	1450	100	200	540	1.0649
1300×300型	1300	137	50	1300	100	490	500	500	300	32	50	421	22	50	300	310	60	120	65	0.4706
1300×400型	1300	137	50	1300	100	490	500	400	400	42	50	531	28	50	400	415	65	120	80	0.5143
1300×500型	1300	137	50	1300	100	490	500	300	500	53	50	640	34	50	500	520	70	120	90	0.5586
1300×600型	1300	137	50	1300	100	490	500	200	600	63	50	739	45	50	600	620	70	120	140	0.6043
1300×700型	1300	137	50	1300	100	490	500	100	700	74	50	849	51	50	700	725	75	150	190	0.6642
1300×800型	1300	137	50	1300	100	490	500	0	800	84	50	959	56	50	800	830	80	150	240	0.7115
1300×900型	1300	137	50	1300	100	490	400	0	900	95	50	1068	62	50	900	935	85	150	290	0.7494
1300×1000型	1300	137	50	1300	100	490	300	0	1000	105	50	1178	68	50	1000	1040	90	150	340	0.7856
1300×1100型	1300	137	50	1300	100	490	200	0	1100	116	50	1277	79	60	1100	1140	90	200	390	0.8946
1300×1200型	1300	137	50	1300	100	490	100	0	1200	116	50	1376	89	60	1200	1240	90	200	440	0.9306
1300×1300型	1300	137	50	1300	100	490	0	0	1300	137	50	1490	90	60	1300	1350	100	200	490	0.9635
1200×300型	1200	116	50	1200	90	440	500	400	300	32	50	421	22	50	300	310	60	120	65	0.4156
1200×400型	1200	116	50	1200	90	440	500	300	400	42	50	531	28	50	400	415	65	120	80	0.4554
1200×500型	1200	116	50	1200	90	440	500	200	500	53	50	640	34	50	500	520	70	120	90	0.4959
1200×600型	1200	116	50	1200	90	440	500	100	600	63	50	739	45	50	600	620	70	120	140	0.5378
1200×700型	1200	116	50	1200	90	440	500	0	700	74	50	849	51	50	700	725	75	150	190	0.5939
1200×800型	1200	116	50	1200	90	440	400	0	800	84	50	959	56	50	800	830	80	150	240	0.6277
1200×900型	1200	116	50	1200	90	440	300	0	900	95	50	1068	62	50	900	935	85	150	290	0.6606
1200×1000型	1200	116	50	1200	90	440	200	0	1000	105	50	1178	68	50	1000	1040	90	150	340	0.6918

湖南省农村小型水利工程典型设计图集	渠系及渠系建筑物工程分册	
图名	T型接口装配式四通特性表一	图号 QD-ZP-38

T型接口装配式四通工程量及特性表（续表）

型号	B(mm)	B1(mm)	B2(mm)	H(mm)	D(mm)	X(mm)	S(mm)	S1(mm)	b(mm)	b1(mm)	b2(mm)	b3(mm)	b4(mm)	b5(mm)	h(mm)	h1(mm)	d(mm)	d1(mm)	x(mm)	C50混凝土(m³)
1200×1100型	1200	116	50	1200	90	440	100	0	1100	116	50	1277	79	60	1100	1140	90	200	390	0.7932
1200×1200型	1200	116	50	1200	90	440	0	0	1200	116	50	1376	89	60	1200	1240	90	200	440	0.8244
1100×300型	1100	116	50	1100	90	390	400	400	300	32	50	421	22	50	300	310	60	120	65	0.3865
1100×400型	1100	116	50	1100	90	390	400	300	400	42	50	531	28	50	400	415	65	120	80	0.4241
1100×500型	1100	116	50	1100	90	390	400	200	500	53	50	640	34	50	500	520	70	120	90	0.4622
1100×600型	1100	116	50	1100	90	390	400	100	600	63	50	739	45	50	600	620	70	120	140	0.5018
1100×700型	1100	116	50	1100	90	390	400	0	700	74	50	849	51	50	700	725	75	150	190	0.5556
1100×800型	1100	116	50	1100	90	390	300	0	800	84	50	959	56	50	800	830	80	150	240	0.5872
1100×900型	1100	116	50	1100	90	390	200	0	900	95	50	1068	62	50	900	935	85	150	290	0.6177
1100×1000型	1100	116	50	1100	90	390	100	0	1000	105	50	1178	68	50	1000	1040	90	150	340	0.6466
1100×1100型	1100	116	50	1100	90	390	0	0	1100	116	50	1277	79	60	1100	1140	90	200	390	0.7442
1000×300型	1000	105	50	1000	90	340	400	300	300	32	50	421	22	50	300	310	60	120	65	0.3587
1000×400型	1000	105	50	1000	90	340	400	200	400	42	50	531	28	50	400	415	65	120	80	0.3949
1000×500型	1000	105	50	1000	90	340	400	100	500	53	50	640	34	50	500	520	70	120	90	0.4317
1000×600型	1000	105	50	1000	90	340	400	0	600	63	50	739	45	50	600	620	70	120	140	0.4700
1000×700型	1000	105	50	1000	90	340	300	0	700	74	50	849	51	50	700	725	75	150	190	0.5140
1000×800型	1000	105	50	1000	90	340	200	0	800	84	50	959	56	50	800	830	80	150	240	0.5430
1000×900型	1000	105	50	1000	90	340	100	0	900	95	50	1068	62	50	900	935	85	150	290	0.5710
1000×1000型	1000	105	50	1000	90	340	0	0	1000	105	50	1178	68	50	1000	1040	90	150	340	0.5974
900×300型	900	95	50	900	85	290	300	300	300	32	50	421	22	50	300	310	60	120	65	0.3188
900×400型	900	95	50	900	85	290	300	200	400	42	50	531	28	50	400	415	65	120	80	0.3516
900×500型	900	95	50	900	85	290	300	100	500	53	50	640	34	50	500	520	70	120	90	0.3850
900×600型	900	95	50	900	85	290	300	0	600	63	50	739	45	50	600	620	70	120	140	0.4200
900×700型	900	95	50	900	85	290	200	0	700	74	50	849	51	50	700	725	75	150	190	0.4606
900×800型	900	95	50	900	85	290	100	0	800	84	50	959	56	50	800	830	80	150	240	0.4863
900×900型	900	95	50	900	85	290	0	0	900	95	50	1068	62	50	900	935	85	150	290	0.5109
800×300型	800	84	50	800	80	240	300	200	300	32	50	421	22	50	300	310	60	120	65	0.2841
800×400型	800	84	50	800	80	240	300	100	400	42	50	531	28	50	400	415	65	120	80	0.3149
800×500型	800	84	50	800	80	240	300	0	500	53	50	640	34	50	500	520	70	120	90	0.3463
800×600型	800	84	50	800	80	240	200	0	600	63	50	739	45	50	600	620	70	120	140	0.3720
800×700型	800	84	50	800	80	240	100	0	700	74	50	849	51	50	700	725	75	150	190	0.4093
800×800型	800	84	50	800	80	240	0	0	800	84	50	959	56	50	800	830	80	150	240	0.4318
700×300型	700	74	50	700	75	190	200	200	300	32	50	421	22	50	300	310	60	120	65	0.2478
700×400型	700	74	50	700	75	190	200	100	400	42	50	531	28	50	400	415	65	120	80	0.2755
700×500型	700	74	50	700	75	190	200	0	500	53	50	640	34	50	500	520	70	120	90	0.3039
700×600型	700	74	50	700	75	190	100	0	600	63	50	739	45	50	600	620	70	120	140	0.3265
700×700型	700	74	50	700	75	190	0	0	700	74	50	849	51	50	700	725	75	150	190	0.3607
600×300型	600	63	50	600	70	140	200	100	300	32	50	421	22	50	300	310	60	120	65	0.2169
600×400型	600	63	50	600	70	140	200	0	400	42	50	531	28	50	400	415	65	120	80	0.2429
600×500型	600	63	50	600	70	140	100	0	500	53	50	640	34	50	500	520	70	120	90	0.2634
600×600型	600	63	50	600	70	140	0	0	600	63	50	739	45	50	600	620	70	120	140	0.2831
500×300型	500	53	50	500	70	90	200	100	300	32	50	421	22	50	300	310	60	120	65	0.1935
500×400型	500	53	50	500	70	90	100	0	400	42	50	531	28	50	400	415	65	120	80	0.2136
500×500型	500	53	50	500	70	90	0	0	500	53	50	640	34	50	500	520	70	120	90	0.2320
400×300型	400	42	50	400	65	80	100	0	300	32	50	421	22	50	300	310	60	120	65	0.1618
400×400型	400	42	50	400	65	80	0	0	400	42	50	531	28	50	400	415	65	120	80	0.1792
300×300型	300	32	50	300	60	65	0	0	300	32	50	421	22	50	300	310	60	120	65	0.1321

	湖南省农村小型水利工程典型设计图集	渠系及渠系建筑物工程分册
图名	T型接口装配式四通特性表二	图号 QD-ZP-39

T型渠槽侧向分水口设计图
1：10

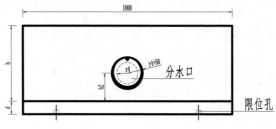

1—1剖视图
1：10

2—2剖视图
1：10

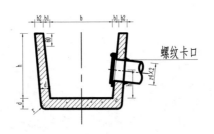

限位孔

分水口

螺纹卡口

分水口

限位孔

T型渠槽侧向分水口工程量及特性表

型号	b(mm)	b1(mm)	b2(mm)	h(mm)	d(mm)	r(mm)	x(mm)	r4(mm)	h2(mm)	C50混凝土(m³)
300型	300	32	50	300	60	20	65	100	150	0.053
400型	400	42	50	400	65	20	80	100	150	0.077
500型	500	53	50	500	70	30	90	100	150	0.106
600型	600	63	50	600	70	30	140	100	150	0.132
700型	700	74	50	700	75	30	190	200	200	0.168
800型	800	84	50	800	80	40	240	200	200	0.208
900型	900	95	50	900	85	40	290	200	200	0.253
1000型	1000	105	50	1000	90	50	340	200	200	0.301
1100型	1100	116	50	1100	90	50	390	300	250	0.342
1200型	1200	116	50	1200	90	60	440	300	250	0.371
1300型	1300	137	50	1300	100	60	490	300	250	0.458
1400型	1400	147	50	1400	100	65	540	300	250	0.506
1500型	1500	158	50	1500	105	65	590	300	250	0.574

说明:
1. 本图尺寸以mm计.
2. 渠槽生产工艺见图QD-ZP-01.

T型装配式渠槽典型横断面配筋图
1:5

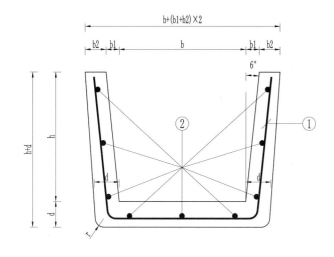

说明:
1. 本图尺寸以mm计。
2. 渠槽混凝土等级为C50。
3. 钢筋采用HRB335（Φ）级热轧钢筋。
4. 混凝土保护层厚度取2cm。
5. 钢筋制作施工严格按GB 50010—2010(2015年版)《混凝土结构设计规范》的要求，钢筋锚固长度不小于40d，受拉钢筋绑扎搭接长度不小于48d，受压钢筋绑扎搭接长度不小于34d，焊接搭接双面焊不小于5d，单面焊不小于10d。
6. 钢筋表材料均未计损耗。
7. 渠槽生产工艺见图QD-ZP-01.
8. 未尽事宜请参照相关标准执行。

单节（长2m）T型装配式渠槽工程量及钢筋表

型号	编号	形状	规格	钢筋长度(mm)	钢筋根数	钢筋单重(kg/m)	钢筋共重(kg)	钢筋总重(kg)	C50混凝土(m³)	GB胶带长度(m)	GB胶带面积(m²)
T300型	①		Φ6@250	1016	8	0.222	1.8	4.4	0.116	2.085	0.417
	②		Φ6@250	1960	6	0.222	2.6				
T400型	①		Φ6@250	1326	8	0.222	2.4	5.0	0.161	2.726	0.545
	②		Φ6@250	1960	6	0.222	2.6				
T500型	①		Φ6@250	1636	8	0.222	2.9	6.8	0.210	3.364	0.673
	②		Φ6@250	1960	9	0.222	3.9				
T600型	①		Φ6@250	1937	8	0.222	3.4	7.4	0.248	3.965	0.793
	②		Φ6@250	1960	9	0.222	3.9				
T700型	①		Φ8@250	2247	8	0.395	7.1	16.4	0.303	4.605	0.921
	②		Φ8@250	1960	12	0.395	9.3				
T800型	①		Φ8@250	2557	8	0.395	8.1	17.4	0.362	5.246	1.049
	②		Φ8@250	1960	12	0.395	9.3				
T900型	①		Φ8@250	2867	8	0.395	9.1	20.7	0.425	5.884	1.177
	②		Φ8@250	1960	15	0.395	11.6				
T1000型	①		Φ8@250	3177	8	0.395	10.0	21.7	0.492	6.525	1.305
	②		Φ8@250	1960	15	0.395	11.6				
T1100型	①		Φ8@200	3479	10	0.395	13.7	27.7	0.538	7.125	1.425
	②		Φ8@200	1960	18	0.395	13.9				
T1200型	①		Φ8@200	3780	10	0.395	14.9	28.9	0.584	7.725	1.545
	②		Φ8@200	1960	18	0.395	13.9				
T1300型	①		Φ8@200	4099	10	0.395	16.2	32.4	0.690	8.392	1.678
	②		Φ8@200	1960	21	0.395	16.3				
T1400型	①		Φ8@200	4400	10	0.395	17.4	33.6	0.740	9.004	1.801
	②		Φ8@200	1960	21	0.395	16.3				
T1500型	①		Φ8@200	4719	10	0.395	18.6	37.2	0.858	9.683	1.937
	②		Φ8@200	1960	24	0.395	18.6				

T型装配式支墩典型横断面配筋图
1:5

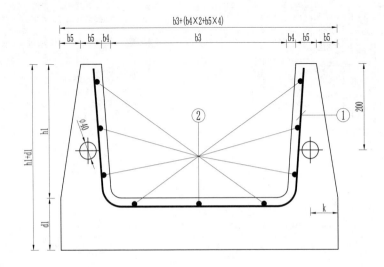

$b3+(b4×2+b5×4)$

说明:
1. 本图尺寸以mm计。
2. 渠槽混凝土等级为C50。
3. 钢筋采用HRB335(Φ)级热轧钢筋。
4. 混凝土保护层厚度取2cm。
5. 钢筋制作施工严格按GB 50010-2010(2015年版)《混凝土结构设计规范》的要求,钢筋锚固长度不小于40d,受拉钢筋绑扎搭接长度不小于48d,受压钢筋绑扎搭接长度不小于34d,焊接搭接双面焊不小于5d,单面焊不小于10d。
6. 钢筋表材料均未计损耗。
7. 渠槽生产工艺见图QD-ZP-01。
8. 未尽事宜请参照相关标准执行。

单个T型装配式支墩工程量及钢筋表

型号	编号	形状	规格	钢筋长度(mm)	钢筋根数	钢筋单重(kg/m)	钢筋共重(kg)	钢筋总重(kg)	C50混凝土(m³)
T300型	①		Φ6	1103	3	0.222	0.7	1.2	0.048
	②	360	Φ6	360	6	0.222	0.5		
T400型	①		Φ6	1423	3	0.222	0.9	1.4	0.063
	②	360	Φ6	360	6	0.222	0.5		
T500型	①		Φ6	1743	3	0.222	1.2	1.9	0.077
	②	360	Φ6	360	9	0.222	0.7		
T600型	①		Φ6	2042	3	0.222	1.4	2.1	0.093
	②	360	Φ6	360	9	0.222	0.7		
T700型	①		Φ8	2363	3	0.395	2.8	4.5	0.121
	②	360	Φ8	360	12	0.395	1.7		
T800型	①		Φ8	2683	3	0.395	3.2	4.9	0.139
	②	360	Φ8	360	12	0.395	1.7		
T900型	①		Φ8	3003	3	0.395	3.6	5.7	0.157
	②	360	Φ8	360	15	0.395	2.1		
T1000型	①		Φ8	3323	3	0.395	3.9	6.1	0.176
	②	360	Φ8	360	15	0.395	2.1		
T1100型	①		Φ8	3623	3	0.395	4.3	6.9	0.243
	②	360	Φ8	360	18	0.395	2.6		
T1200型	①		Φ8	3922	3	0.395	4.6	7.2	0.267
	②	360	Φ8	360	18	0.395	2.6		
T1300型	①		Φ8	4257	3	0.395	5.0	8.0	0.289
	②	360	Φ8	360	21	0.395	3.0		
T1400型	①		Φ8	4562	3	0.395	5.4	8.4	0.316
	②	360	Φ8	360	21	0.395	3.0		
T1500型	①		Φ8	4903	3	0.395	5.8	9.2	0.339
	②	360	Φ8	360	24	0.395	3.4		

预制装配式T型渠盖板配筋平面布置图
1:10

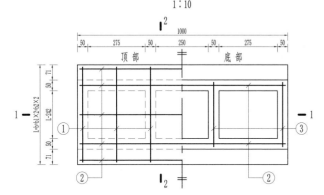

顶部　　底部

1—1剖面配筋图
1:10

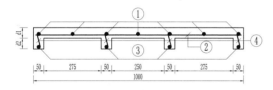

2—2剖面配筋图
1:10

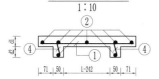

单块预制装配式T型渠盖板工程量及钢筋表

型号	编号	形状	规格	钢筋长度(mm)	钢筋根数	钢筋单重(kg/m)	钢筋共重(kg)	钢筋总重(kg)	C50混凝土(m³)	型号	编号	形状	规格	钢筋长度(mm)	钢筋根数	钢筋单重(kg/m)	钢筋共重(kg)	钢筋总重(kg)	C50混凝土(m³)
300型	①	424	Φ6	424	7	0.222	0.7	2.5	0.0316	1000型	①	1270	Φ8	1270	7	0.395	3.5	9.6	0.1187
	②	960	Φ6	960	6	0.222	1.3				②	960	Φ8	960	10	0.395	3.8		
	③	304	Φ6	282	4	0.222	0.3				③	1150	Φ8	1128	4	0.395	1.8		
	④	50⌐50⌐60	Φ6	150	8	0.222	0.3				④	50⌐50⌐60	Φ8	170	8	0.395	0.5		
400型	①	544	Φ6	544	7	0.222	0.8	3.0	0.0388	1100型	①	1392	Φ8	1392	7	0.395	3.8	10.5	0.1292
	②	960	Φ6	960	7	0.222	1.5				②	960	Φ8	960	11	0.395	4.2		
	③	424	Φ6	402	4	0.222	0.4				③	1272	Φ8	1250	4	0.395	2.0		
	④	50⌐50⌐60	Φ6	150	8	0.222	0.3				④	50⌐70⌐60	Φ8	170	8	0.395	0.5		
500型	①	666	Φ6	666	7	0.222	1.0	3.3	0.0462	1200型	①	1492	Φ8	1492	7	0.395	4.1	11.3	0.1378
	②	960	Φ6	960	7	0.222	1.5				②	960	Φ8	960	12	0.395	4.6		
	③	546	Φ6	524	4	0.222	0.5				③	1372	Φ8	1350	4	0.395	2.1		
	④	50⌐50⌐60	Φ6	150	8	0.222	0.3				④	50⌐70⌐60	Φ8	170	8	0.395	0.5		
600型	①	786	Φ6	786	7	0.222	1.2	3.8	0.0534	1300型	①	1634	Φ8	1634	7	0.395	4.5	12.0	0.1500
	②	960	Φ6	960	8	0.222	1.7				②	960	Φ8	960	12	0.395	4.6		
	③	666	Φ6	644	4	0.222	0.6				③	1514	Φ8	1492	4	0.395	2.4		
	④	50⌐50⌐60	Φ6	150	8	0.222	0.3				④	50⌐70⌐60	Φ8	170	8	0.395	0.5		
700型	①	908	Φ8	908	7	0.395	2.5	7.6	0.0607	1400型	①	1754	Φ8	1754	7	0.395	4.8	12.9	0.1604
	②	960	Φ8	960	9	0.395	3.4				②	960	Φ8	960	13	0.395	4.9		
	③	788	Φ8	766	4	0.395	1.2				③	1634	Φ8	1612	4	0.395	2.5		
	④	50⌐50⌐60	Φ8	150	8	0.395	0.5				④	50⌐70⌐60	Φ8	170	8	0.395	0.5		
800型	①	1028	Φ8	1028	7	0.395	2.8	8.1	0.0679	1500型	①	1876	Φ8	1876	7	0.395	5.2	13.4	0.1709
	②	960	Φ8	960	9	0.395	3.4				②	960	Φ8	960	13	0.395	4.9		
	③	908	Φ8	886	4	0.395	1.4				③	1756	Φ8	1734	4	0.395	2.7		
	④	50⌐50⌐60	Φ8	150	8	0.395	0.5				④	50⌐70⌐60	Φ8	170	8	0.395	0.5		
900型	①	1150	Φ8	1150	7	0.395	3.2	9.0	0.0752										
	②	960	Φ8	960	10	0.395	3.8												
	③	1030	Φ8	1008	4	0.395	1.6												
	④	50⌐50⌐60	Φ8	150	8	0.395	0.5												

说明：
1. 本图尺寸以mm计。
2. 渠槽混凝土等级为C50。
3. 钢筋采用HRB335（Φ）级热轧钢筋。
4. 混凝土保护层厚度取2cm。
5. 钢筋制作施工严格按GB 50010—2010(2015年版)《混凝土结构设计规范》的要求，钢筋锚固长度不小于40d，受拉钢筋绑扎搭
   接长度不小于48d，受压钢筋绑扎搭接长度不小于34d，焊接搭接双面焊不小于5d，单面焊不小于10d。
6. 钢筋表材料均未计损耗。
7. 渠槽生产工艺图见图QD-ZP-01。
8. 未尽事宜请参照相关标准执行。

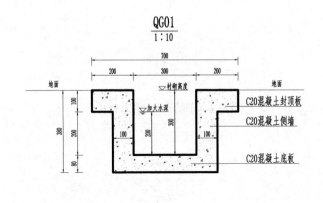

QG01
1:10

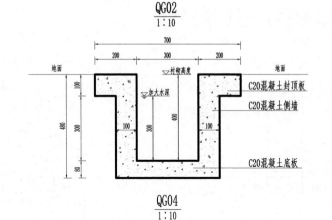

QG02
1:10

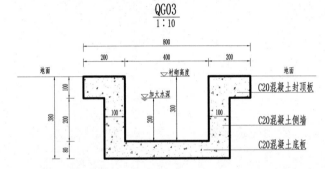

QG03
1:10

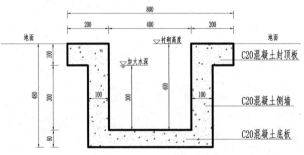

QG04
1:10

图中标注：地面、衬砌高度、加大水深、C20混凝土封顶板、C20混凝土侧墙、C20混凝土底板

伸缩缝大样图
1:10

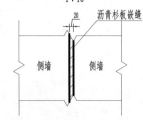

沥青杉板嵌缝
侧墙　侧墙

灌溉渠道衬砌施工方法与施工工艺

1. 施工顺序：先进行坡面整修，将松散泥土及杂物清除干净，达到设计要求后再进行坡面施工及压顶，最后进行土方回填。
2. 渠道排水：渠道排水采用自然排干，遇特殊天气，可采用水泵抽干。
3. 渠道清淤：渠底淤泥清理分段设置排水坑，水泵排水。主要采用机械清理。
4. 土方开挖：土方开挖包括人工土方开挖和机械土方开挖。土方开挖严格遵守《水利水电工程施工质量评定规程》和《水利水电建设工程验收规程》进行施工；土方开挖的具体施工方法详见本图集说明部分。
5. 土方回填：夯实前首先清除槽床内的树根、淤泥、腐殖土、垃圾及隐藏的暗管碎石等。回填夯实采用分层夯实的方法，每层铺土厚度≤30cm，铺土要均匀平整；若土壤比较干燥应采用洒水的方法调节含水量，若土壤含水量较大应采用排水、晾晒、换土等方法以使含水量控制在适宜范围之内。夯实机械采用蛙式打夯机或其他能达到相同质量要求的机械，不得使用立柱石夯等。分层夯实遍数不得少于4遍，应无欠夯漏夯、虚土层、橡皮土等不符合质量要求的现象。夯实后压实度应不小于0.9。
6. 现浇渠道混凝土配合比控制：现浇混凝土的配合比应满足强度、抗冻、抗渗和易性要求。水灰比的最大允许值为0.6，混凝土的坍落度控制在2~4cm，采用机械拌和。低温季节或渠床面较湿润时，坍落度适当减小；高温季节或渠床面较干燥时，宜适当增大。混凝土设计指标为C20，抗渗W4。
7. 工程养护：在勾缝抹面完成后，在渠道覆盖稻草进行养护，养护过程中应及时洒水，保持砂浆表面处于湿润状态。
8. 渠道模板施工：渠道模板采用普通渠道模板，一般情况下采用双面立模，当渠道深度低于设计深度时采用四面立模。
9. 施工注意事项：①混凝土构件必须保持表面平整光滑、无蜂窝麻面，制作尺寸误差±5mm。②构筑物需要设置护栏等安全设施的，须按国家有关行业规定执行。③《图集》施工还应遵循涉及的其他各类别相关工程验收规程规范要求。

渠道设计参数表

设计边坡	比降	设计水深(m)	安全超高(m)	设计底宽(m)	设计渠深(m)
0	2000~3000	0.2	0.1	0.3	0.3
0	2000~3000	0.3	0.1	0.3	0.4
0	2000~3000	0.3	0.1	0.4	0.4
0	3000	0.3	0.1	0.4	0.4
0	2000~3000	0.2	0.1	0.4	0.3
0	3000	0.2	0.1	0.4	0.3

说明：

1. 本图尺寸以mm计。
2. 本矩形渠道采用现浇C20混凝土进行衬砌，侧墙厚度10cm，底板厚度8cm。
3. 每隔4m设置一条伸缩缝，以沥青杉板嵌缝。

湖南省农村小型水利工程典型设计图集	渠系及渠系建筑物工程分册
图名　矩形渠道设计图(1/2)	图号　QD-QG-44

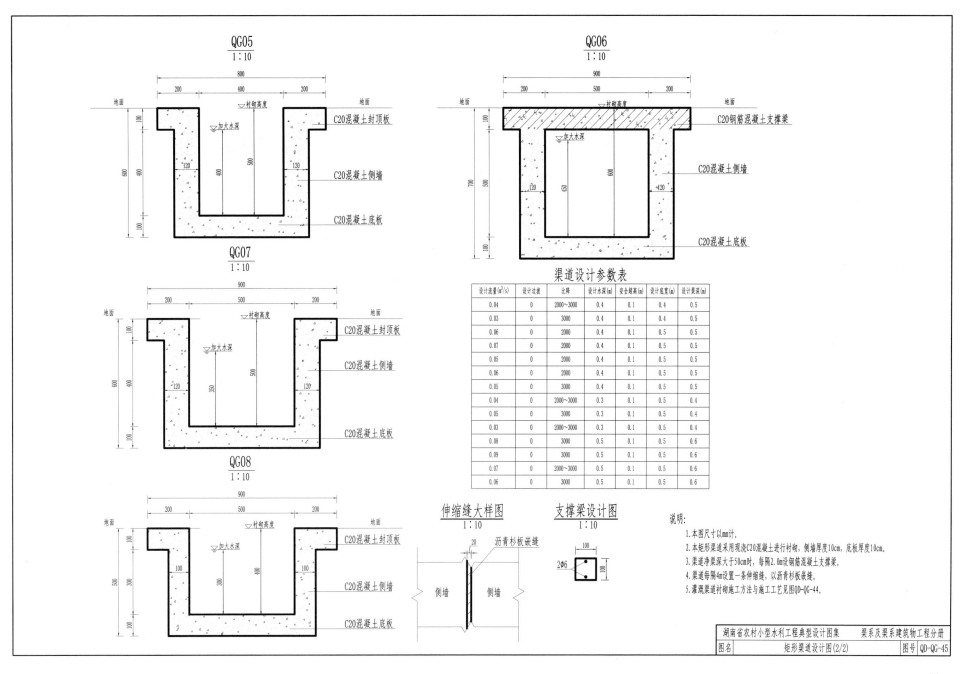

QG05
1:10

800
200 | 400 | 200

C20混凝土封顶板
C20混凝土侧墙
C20混凝土底板

QG06
1:10

900
200 | 500 | 200

C20钢筋混凝土支撑梁
C20混凝土侧墙
C20混凝土底板

QG07
1:10

900
200 | 500 | 200

C20混凝土封顶板
C20混凝土侧墙
C20混凝土底板

QG08
1:10

900
200 | 500 | 200

C20混凝土封顶板
C20混凝土侧墙
C20混凝土底板

渠道设计参数表

设计流量(m³/s)	设计边坡	比降	设计水深(m)	安全超高(m)	设计底宽(m)	设计要深(m)
0.04	0	2000~3000	0.4	0.1	0.4	0.5
0.03	0	3000	0.4	0.1	0.4	0.5
0.06	0	2000	0.4	0.1	0.5	0.5
0.07	0	2000	0.4	0.1	0.5	0.5
0.05	0	2000	0.4	0.1	0.5	0.5
0.06	0	2000	0.4	0.1	0.5	0.5
0.05	0	3000	0.4	0.1	0.5	0.5
0.04	0	2000~3000	0.3	0.1	0.5	0.4
0.05	0	3000	0.3	0.1	0.5	0.4
0.03	0	2000~3000	0.3	0.1	0.5	0.4
0.08	0	3000	0.5	0.1	0.5	0.6
0.09	0	3000	0.5	0.1	0.5	0.6
0.07	0	2000~3000	0.5	0.1	0.5	0.6
0.06	0	3000	0.5	0.1	0.5	0.6

伸缩缝大样图
1:10

沥青杉板嵌缝
侧墙 | 侧墙

支撑梁设计图
1:10

100
2φ6

说明:
1. 本图尺寸以mm计。
2. 本矩形渠道采用现浇C20混凝土进行衬砌,侧墙厚度10cm,底板厚度10cm。
3. 渠道净渠深大于50cm时,每隔2.0m设钢筋混凝土支撑梁。
4. 渠道每隔4m设置一条伸缩缝,以沥青杉板嵌缝。
5. 灌溉渠道衬砌施工方法与施工工艺见图QD-QG-44。

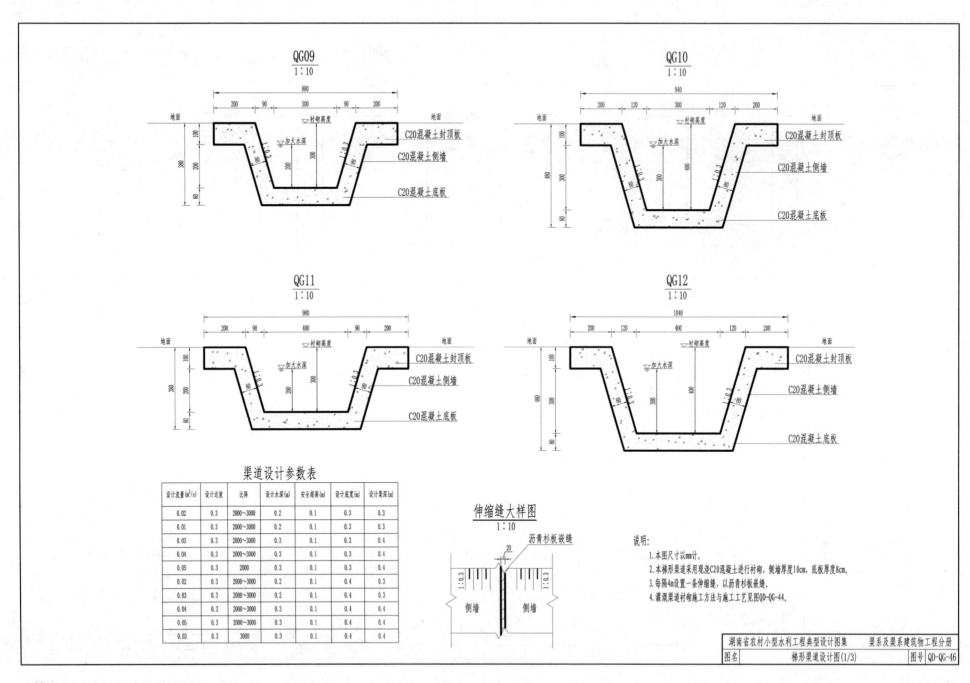

QG09 1:10

880
200 | 90 | 300 | 90 | 200

地面　▽衬砌高度　地面

C20混凝土封顶板
C20混凝土侧墙
C20混凝土底板

100 / 200 / 80 / 380

加大水深
1:0.3 1:0.3
200 300
80 80

QG10 1:10

940
200 | 120 | 300 | 120 | 200

地面　▽衬砌高度　地面

C20混凝土封顶板
C20混凝土侧墙
C20混凝土底板

100 / 300 / 80 / 480

加大水深
1:0.3 1:0.3
400
80 80

QG11 1:10

980
200 | 90 | 400 | 90 | 200

地面　▽衬砌高度　地面

C20混凝土封顶板
C20混凝土侧墙
C20混凝土底板

100 / 200 / 80 / 380

加大水深
1:0.3 1:0.3
200 300
80

QG12 1:10

1040
200 | 120 | 400 | 120 | 200

地面　▽衬砌高度　地面

C20混凝土封顶板
C20混凝土侧墙
C20混凝土底板

100 / 300 / 80 / 480

加大水深
1:0.3 1:0.3
400
80

渠道设计参数表

设计流量(m³/s)	设计边坡	比降	设计水深(m)	安全超高(m)	设计底宽(m)	设计渠深(m)
0.02	0.3	2000~3000	0.2	0.1	0.3	0.3
0.01	0.3	2000~3000	0.2	0.1	0.3	0.3
0.03	0.3	2000~3000	0.3	0.1	0.3	0.4
0.04	0.3	2000~3000	0.3	0.1	0.3	0.4
0.05	0.3	2000	0.3	0.1	0.3	0.4
0.02	0.3	2000~3000	0.2	0.1	0.4	0.3
0.03	0.3	2000~3000	0.2	0.1	0.4	0.3
0.04	0.3	2000~3000	0.3	0.1	0.4	0.4
0.05	0.3	2000~3000	0.3	0.1	0.4	0.4
0.03	0.3	3000	0.3	0.1	0.4	0.4

伸缩缝大样图 1:10

20
沥青杉板嵌缝
1:0.3 1:0.3
侧墙　侧墙

说明:
1.本图尺寸以mm计。
2.本梯形渠道采用现浇C20混凝土进行衬砌,侧墙厚度10cm,底板厚度8cm。
3.每隔4m设置一条伸缩缝,以沥青杉板嵌缝。
4.灌溉渠道衬砌施工方法与施工工艺图见QD-QG-44。

湖南省农村小型水利工程典型设计图集　渠系及渠系建筑物工程分册

| 图名 | 梯形渠道设计图(1/3) | 图号 | QD-QG-46 |

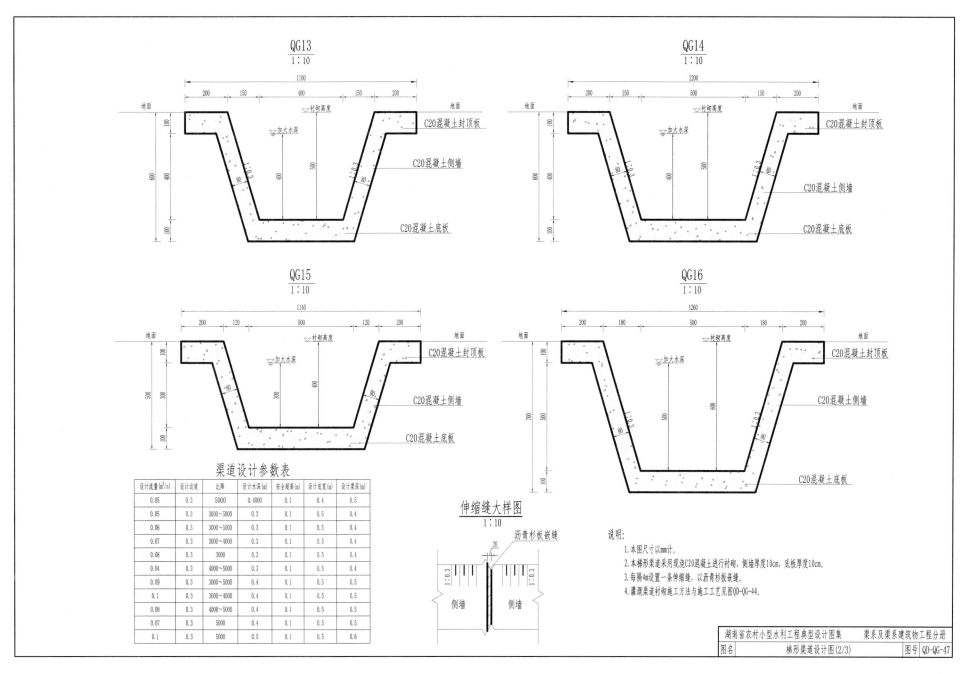

QG13
1：10

QG14
1：10

QG15
1：10

QG16
1：10

C20混凝土封顶板
C20混凝土侧墙
C20混凝土底板

地面　衬砌高度　加大水深

渠道设计参数表

设计流量(m³/s)	设计边坡	比降	设计水深(m)	安全超高(m)	设计底宽(m)	设计渠深(m)
0.05	0.3	5000	0.4000	0.1	0.4	0.5
0.05	0.3	3000~5000	0.3	0.1	0.5	0.4
0.06	0.3	3000~5000	0.3	0.1	0.5	0.4
0.07	0.3	3000~4000	0.3	0.1	0.5	0.4
0.08	0.3	3000	0.3	0.1	0.5	0.4
0.04	0.3	4000~5000	0.3	0.1	0.5	0.4
0.09	0.3	3000~5000	0.4	0.1	0.5	0.5
0.1	0.3	3000~4000	0.4	0.1	0.5	0.5
0.08	0.3	4000~5000	0.4	0.1	0.5	0.5
0.07	0.3	5000	0.4	0.1	0.5	0.5
0.1	0.3	5000	0.5	0.1	0.5	0.6

伸缩缝大样图
1：10

沥青杉板嵌缝

侧墙　侧墙

说明：
1. 本图尺寸以mm计。
2. 本梯形渠道采用现浇C20混凝土进行衬砌，侧墙厚度10cm，底板厚度10cm。
3. 每隔4m设置一条伸缩缝，以沥青杉板嵌缝。
4. 灌溉渠道衬砌施工方法与施工工艺见图QD-QG-44。

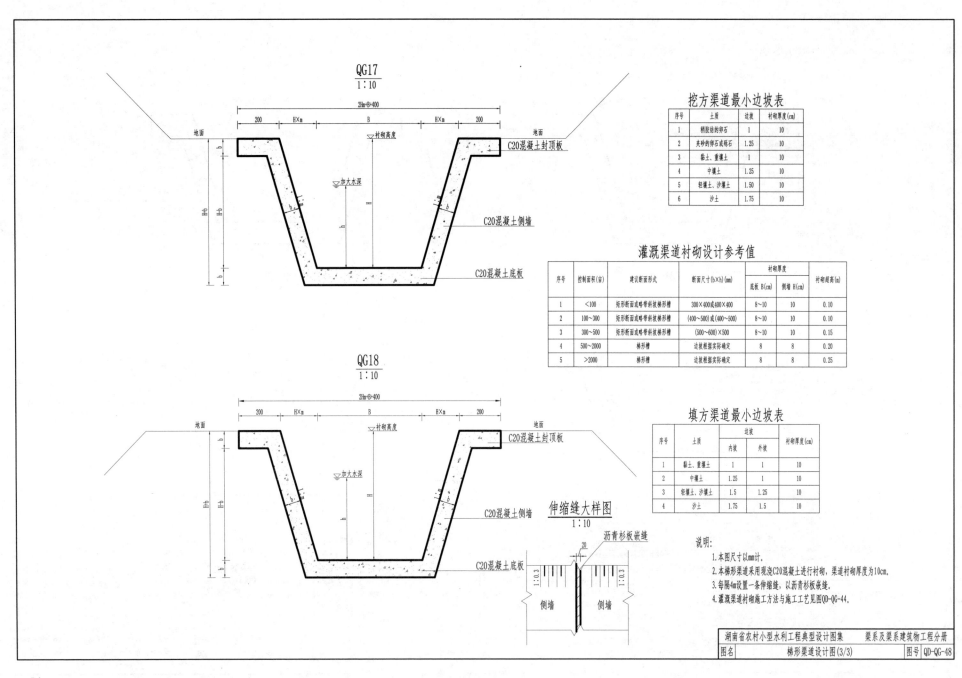

QG17 1:10

QG18 1:10

地面 地面
C20混凝土封顶板
C20混凝土侧墙
C20混凝土底板

衬砌高度
加大水深

2Hm+B+400
200 H×m B H×m 200

伸缩缝大样图 1:10

沥青杉板嵌缝
1:0.3 1:0.3
侧墙 侧墙

挖方渠道最小边坡表

序号	土质	边坡	衬砌厚度(cm)
1	稍胶结的卵石	1	10
2	夹砂的卵石或砾石	1.25	10
3	黏土、重壤土	1	10
4	中壤土	1.25	10
5	轻壤土、沙壤土	1.50	10
6	沙土	1.75	10

灌溉渠道衬砌设计参考值

序号	控制面积(亩)	建议断面形式	断面尺寸(b×h)(mm)	衬砌厚度 底板 B(cm)	衬砌厚度 侧墙 H(cm)	衬砌超高(m)
1	<100	矩形断面或略带斜坡梯形槽	300×400或400×400	8～10	10	0.10
2	100～300	矩形断面或略带斜坡梯形槽	(400～500)或(400×500)	8～10	10	0.10
3	300～500	矩形断面或略带斜坡梯形槽	(500～600)×500	8～10	10	0.15
4	500～2000	梯形槽	边坡根据实际确定	8	8	0.20
5	>2000	梯形槽	边坡根据实际确定	8	8	0.25

填方渠道最小边坡表

序号	土质	边坡 内坡	边坡 外坡	衬砌厚度(cm)
1	黏土、重壤土	1	1	10
2	中壤土	1.25	1	10
3	轻壤土、沙壤土	1.5	1.25	10
4	沙土	1.75	1.5	10

说明:
1.本图尺寸以mm计。
2.本梯形渠道采用现浇C20混凝土进行衬砌,渠道衬砌厚度为10cm。
3.每隔4m设置一条伸缩缝,以沥青杉板嵌缝。
4.灌溉渠道衬砌施工方法与施工工艺见图QD-QG-44。

湖南省农村小型水利工程典型设计图集 渠系及渠系建筑物工程分册

| 图名 | 梯形渠道设计图(3/3) | 图号 | QD-QG-48 |

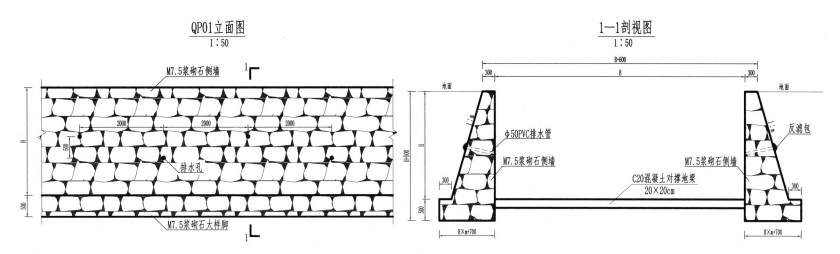

QP01立面图
1:50

M7.5浆砌石侧墙

2000　2000　2000

排水孔

M7.5浆砌石大样脚

1—1剖视图
1:50

B+600

300　B　300

地面　地面

φ50PVC排水管

反滤包

M7.5浆砌石侧墙　M7.5浆砌石侧墙

C20混凝土对撑地梁
20×20cm

H×m+700　H×m+700

排水渠道衬砌施工方法与施工工艺

1. 施工顺序:先进行坡面整修,将松散泥土及杂物清除干净,达到设计要求后再进行坡面施工及压顶,最后进行土方回填。

2. 施工放样:排水沟工程分段施工,分段放样,根据路基中线放出两侧坡角线,再根据边沟流水高程坡比,放出排水沟中线及边线,线位设好以后请监理检测,符合要求后再进行下道工序。

3. 沟槽开挖:放出边沟沟底沟沿边线,并用白灰在地上画出,利用人工配合挖掘机械开挖,自卸汽车运输,开挖至距设计尺寸10～15cm时,改以人工挖掘。人工修整至设计尺寸,不能扰动沟底及坡面原土层,不允许超挖。开挖清理完毕后,然后请监理检验。

4. 石料砌筑:沟槽检验合格后,先用木桩每10m一处钉好砌石位置,挂好横断面线及纵断面线,即可按线砌筑,砌筑工艺要严格执行技术规范。

5. 材料要求:①石料选用厚度不小于15cm具有一定长度和宽度的片状石料,石料质地强韧、密实,无风化剥落、裂纹和结构缺陷,表面清洁无污染。②砂浆使用强制式拌和机现场拌和,材料使用中(粗)砂,且为河砂,过筛后机拌3～5min后使用。砂浆随拌随用,保持适宜稠度;在拌和3～5h使用完毕;运输过程或贮存过程中发生离析、泌水砂浆,砌筑前重新拌和;已凝结的砂浆不得使用。③施工现场不堆放不合格材料,废弃的材料及时清理出场。

6. 沉降缝的设置:根据施工段长度以20～50m分段砌筑,并以10～15m设置沉降缝,沉降缝用沥青麻絮或其他防水材料填充;

7. 勾缝及养护:勾缝一律采用凹缝,砌体勾缝缝宽15mm,嵌入砌缝20mm深,缝槽深度不足时应凿够深度后再勾缝。每勾好一段,待浆砌砂浆初凝后,用湿草帘覆盖定时洒水养护,覆盖养生7～14d。养护期间避免外力碰撞、振动或承重。

8. 施工注意事项:①构筑物需要设置护栏等安全设施的,须按国家有关行业规定执行。②《图集》施工还应遵循涉及的其他各类相关工程施工验收规程规范要求。

伸缩缝大样图
1:10

20

沥青杉板嵌缝

侧墙　侧墙

反滤包大样图
1:10

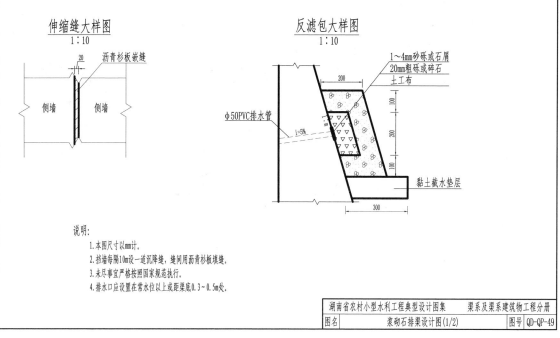

1～4mm砂砾或石屑
20mm粗砾或碎石
土工布

200

φ50PVC排水管

i=5%

黏土截水垫层

300

说明:
1. 本图尺寸以mm计。
2. 挡墙每隔10m设一道沉降缝,缝间用沥青杉板填缝。
3. 未尽事宜严格按照国家规范执行。
4. 排水口应设置在常水位以上或距渠底0.3～0.5m处。

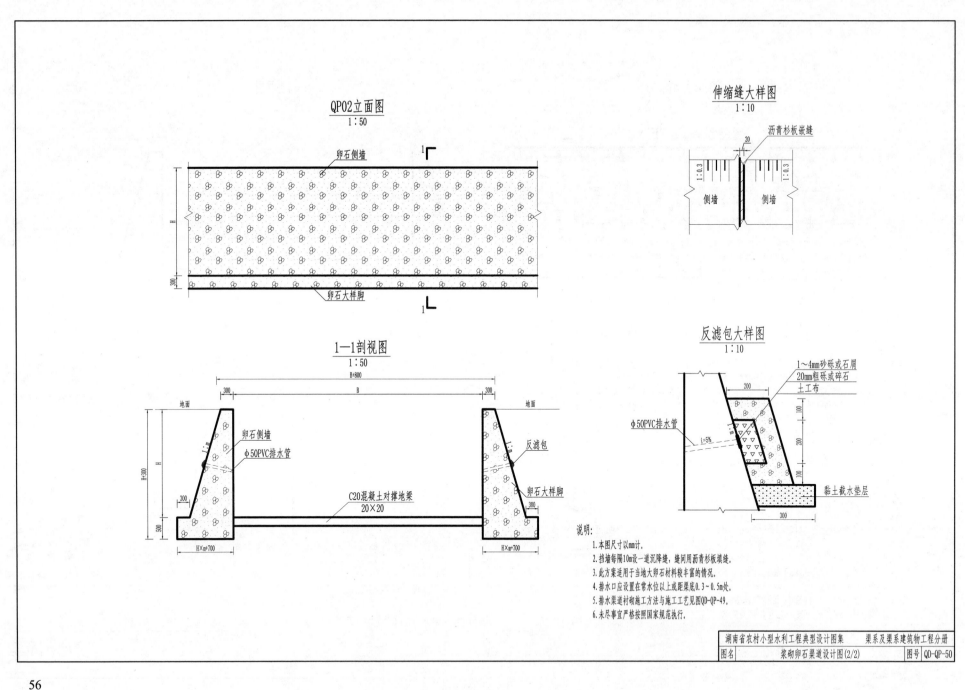

QP02立面图
1:50

卵石侧墙

卵石大样脚

伸缩缝大样图
1:10

沥青杉板嵌缝

侧墙   侧墙

1—1剖视图
1:50

B+800

B

300   300

地面   地面

卵石侧墙

φ50PVC排水管

反滤包

卵石大样脚

C20混凝土对撑地梁
20×20

H×m+700   H×m+700

反滤包大样图
1:10

1～4mm砂砾或石屑
20mm粗砾或碎石
土工布

φ50PVC排水管

200

100

200

100

i=5%

黏土截水垫层

300

说明:
1. 本图尺寸以mm计。
2. 挡墙每隔10m设一道沉降缝,缝间用沥青杉板填缝。
3. 此方案适用于当地大卵石材料较丰富的情况。
4. 排水口应设置在常水位以上或距渠底0.3～0.5m处。
5. 排水渠道衬砌施工方法与施工工艺见图QD-QP-49。
6. 未尽事宜严格按照国家规范执行。

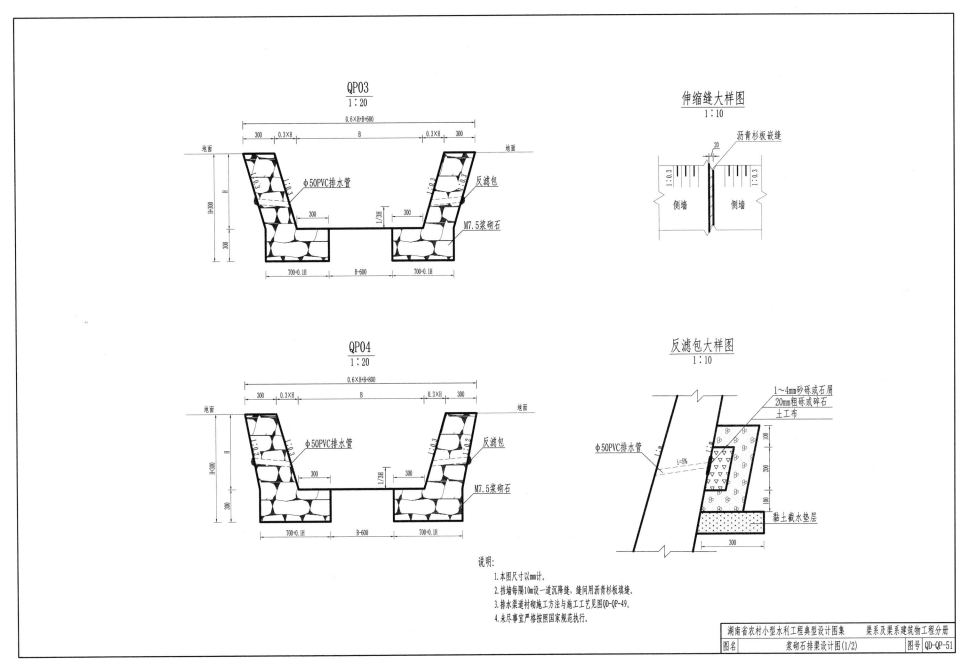

说明:
1. 本图尺寸以mm计。
2. 挡墙每隔10m设一道沉降缝, 缝间用沥青杉板填缝。
3. 排水渠道衬砌施工方法与施工工艺见图QD-QP-49。
4. 未尽事宜严格按照国家规范执行。

湖南省农村小型水利工程典型设计图集		渠系及渠系建筑物工程分册
图名	浆砌石排渠设计图(1/2)	图号 QD-QP-51

57

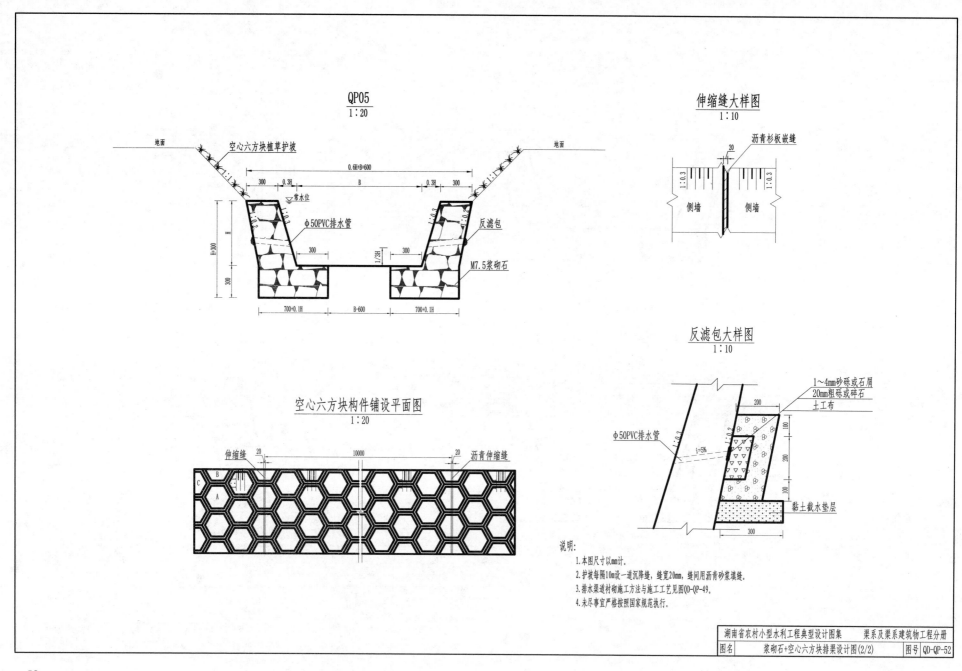

QP05
1:20

地面　空心六方块植草护坡　地面

0.6H+B+600

300　0.3H　B　0.3H　300

常水位

H　Φ50PVC排水管　反滤包

H-300

300

1/3H

300　300

M7.5浆砌石

700+0.1H　B-600　700+0.1H

空心六方块构件铺设平面图
1:20

伸缩缝　20　10000　20　沥青伸缩缝

B
C
A

伸缩缝大样图
1:10

20

沥青杉板嵌缝

1:0.3　1:0.3

侧墙　侧墙

反滤包大样图
1:10

1~4mm砂砾或石屑
20mm粗砾或碎石
土工布

200

Φ50PVC排水管

i=5%

100
200
100

黏土截水垫层

300

说明:
1.本图尺寸以mm计。
2.护坡每隔10m设一道沉降缝,缝宽20mm,缝间用沥青砂浆填缝。
3.排水渠道衬砌施工方法与施工工艺见图QD-QP-49。
4.未尽事宜严格按照国家规范执行。

六方块构件A平面图
1:10

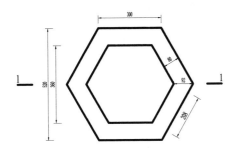

六方块构件B平面图
1:10

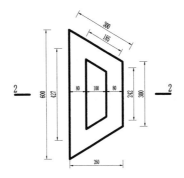

六方块构件C平面图
1:10

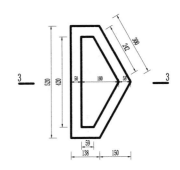

1—1剖面图
1:10

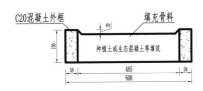

C20混凝土外框　　填充骨料

种植土或生态混凝土等填筑

2—2剖面图
1:10

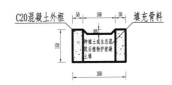

C20混凝土外框　　填充骨料

种植土或生态混凝土填筑后植物护坡

3—3剖面图
1:10

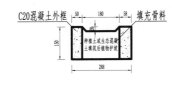

C20混凝土外框　　填充骨料

种植土或生态混凝土填筑后植物护坡

说明:
1. 本图尺寸以mm计。
2. 护坡采用12~15cm厚空心六方块混凝土构件,其混凝土强度等级为C20或C25。
3. 空心六方块内填筑种植土或生态混凝土后种植草(或水生植物)护坡,块间用M10
   水泥混合砂浆勾缝。
4. 生态混凝土强度等级需大于C25,孔隙率为25%~30%。
5. 未尽事宜严格按照国家规范执行。

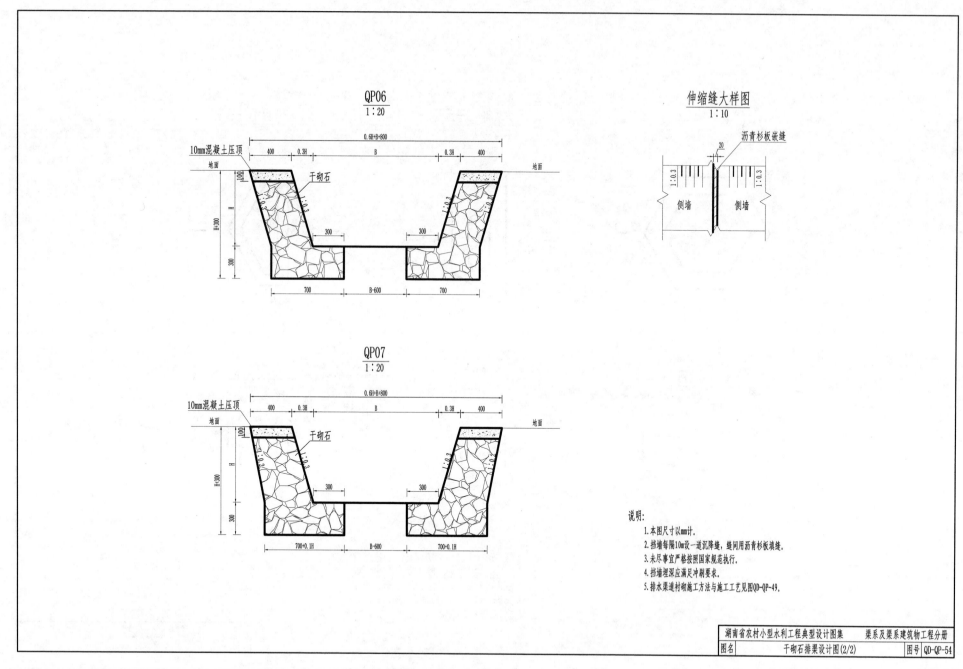

QP06
1:20

0.6H+B+800

10mm混凝土压顶

400　0.3H　B　0.3H　400

地面　地面

100

1:0.3　1:0.3

H　干砌石

H+300

300

300　300

700　B-600　700

QP07
1:20

0.6H+B+800

10mm混凝土压顶

400　0.3H　B　0.3H　400

地面　地面

100

1:0.3　1:0.3

H

H+300

300

300　300

700+0.1H　B-600　700+0.1H

伸缩缝大样图
1:10

沥青杉板嵌缝

20

1:0.3　1:0.3

侧墙　侧墙

说明：

1. 本图尺寸以mm计。

2. 挡墙每隔10m设一道沉降缝，缝间用沥青杉板填缝。

3. 未尽事宜严格按照国家规范执行。

4. 挡墙埋深应满足冲刷要求。

5. 排水渠道衬砌施工方法与施工工艺见图QD-QP-49。

湖南省农村小型水利工程典型设计图集	渠系及渠系建筑物工程分册
图名　干砌石排渠设计图(2/2)	图号 QD-QP-54

矩形渠道人力启闭分水闸平面图
1:25

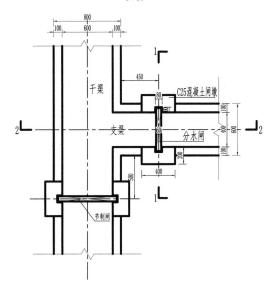

1—1剖视图
1:25

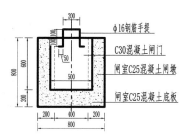

2—2剖视图
1:25

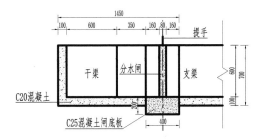

说明:
1. 本图尺寸以mm计。
2. 闸室采用C25混凝土,闸室底板、闸墩于渠道底板、边墙之间设置2cm宽缝分开,以沥青杉板嵌缝。
3. 本图适用闸门重量<20kg的分水闸,闸门为人力启闭。
4. 分水闸数量具体根据分水口的个数及长度增加。

湖南省农村小型水利工程典型设计图集	渠系及渠系建筑物工程分册	
图名	矩形渠道人力启闭分水闸设计图	图号 QD-JZW-55

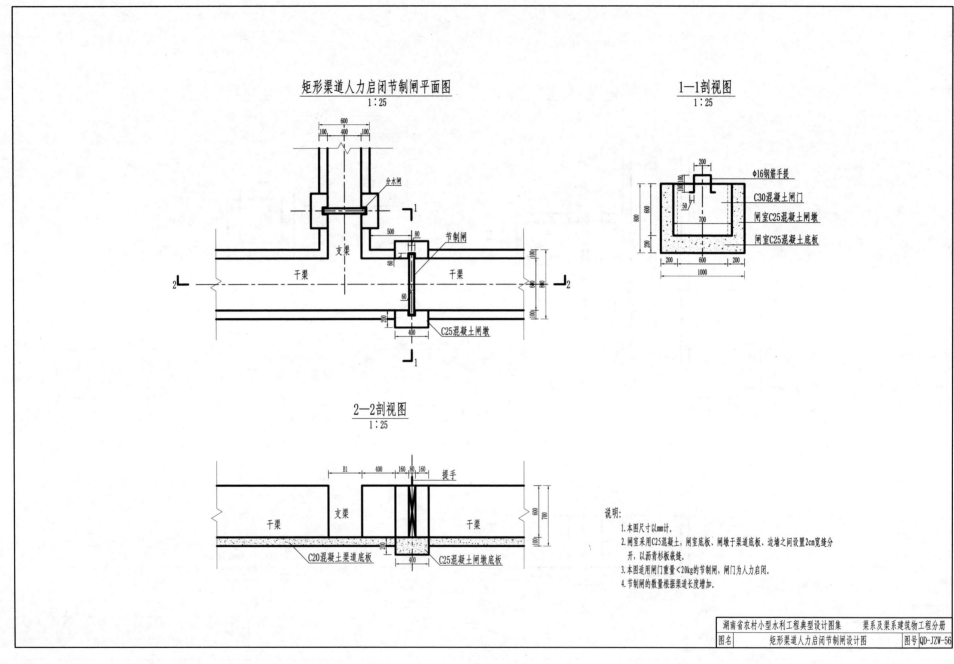

矩形渠道人力启闭节制闸平面图
1:25

1—1剖视图
1:25

分水闸

节制闸

干渠

支渠

干渠

干渠

C25混凝土闸墩

φ16钢筋手提

C30混凝土闸门

闸室C25混凝土闸墩

闸室C25混凝土底板

2—2剖视图
1:25

提手

干渠

支渠

干渠

C20混凝土渠道底板

C25混凝土闸墩底板

说明:
1.本图尺寸以mm计。
2.闸室采用C25混凝土,闸室底板、闸墩于渠道底板、边墙之间设置2cm宽缝分
  开,以沥青杉板嵌缝。
3.本图适用闸门重量<20kg的节制闸,闸门为人力启闭。
4.节制闸的数量根据渠道长度增加。

湖南省农村小型水利工程典型设计图集	渠系及渠系建筑物工程分册	
图名	矩形渠道人力启闭节制闸设计图	图号 QD-JZW-56

梯形渠道人力启闭分水闸平面图
1:20

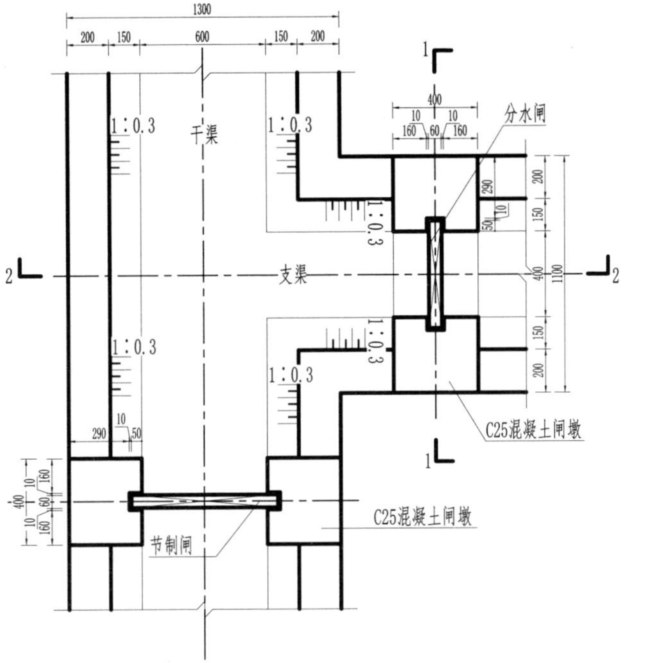

1—1剖视图
1:20

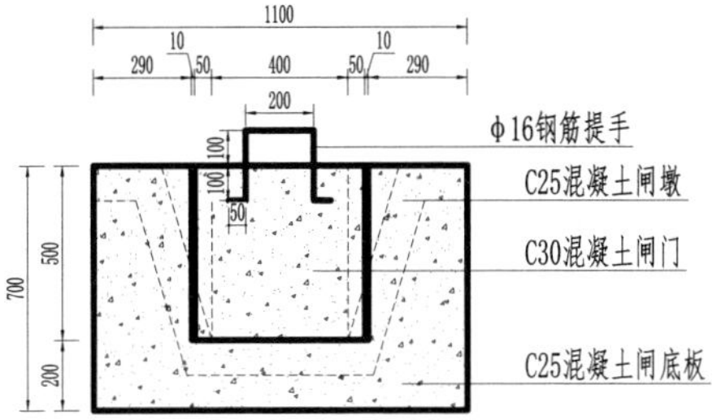

φ16钢筋提手
C25混凝土闸墩
C30混凝土闸门
C25混凝土闸底板

分水闸
C25混凝土闸墩
C25混凝土闸墩

干渠
支渠
节制闸

2—2剖视图
1:20

提手
C25混凝土闸墩
C30混凝土闸门
2cm宽缝
C25混凝土渠道底板
C25混凝土闸底板

干渠
支渠

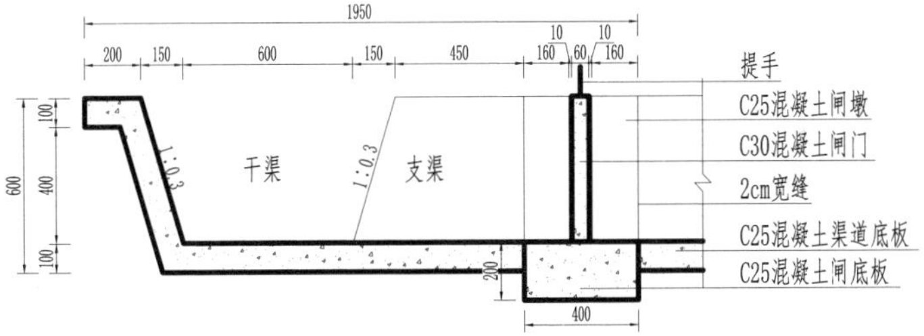

说明:
1.本图尺寸以mm计。
2.闸室采用C25混凝土,闸室底板、闸墩于渠道底板、边墙之间设置2cm宽缝分开,以沥青杉板嵌缝。
3.本图适用闸门重量<20kg的分水闸,闸门为人力启闭。
4.分水闸数量具体根据分水口的个数及长度增加。

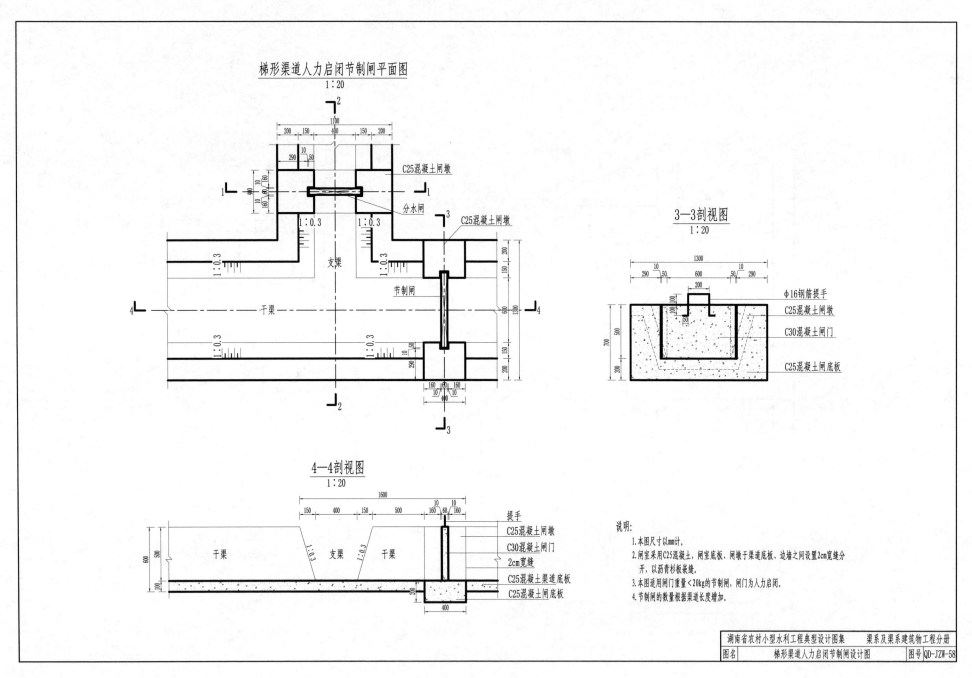

梯形渠道人力启闭节制闸平面图
1:20

1100
200 150 400 150 200
290 10 50
C25混凝土闸墩
分水闸
C25混凝土闸墩
节制闸
支渠
干渠
1:0.3
200 150 600 1300
160 60 160
10 10 400

3—3剖视图
1:20

1300
290 10 50 600 50 10 290
200
φ16钢筋提手
C25混凝土闸墩
C30混凝土闸门
C25混凝土闸底板
700 500 200
100 100 150

4—4剖视图
1:20

1600
150 400 150 500 10 10
160 60 160
提手
C25混凝土闸墩
C30混凝土闸门
2cm宽缝
C25混凝土渠道底板
C25混凝土闸底板
干渠 支渠 干渠
1:0.3 1:0.3
600 500 100 20
400

说明：
1. 本图尺寸以mm计。
2. 闸室采用C25混凝土，闸室底板、闸墩于渠道底板、边墙之间设置2cm宽缝分开，以沥青杉板嵌缝。
3. 本图适用闸门重量<20kg的节制闸，闸门为人力启闭。
4. 节制闸的数量根据渠道长度增加。

湖南省农村小型水利工程典型设计图集　渠系及渠系建筑物工程分册

| 图名 | 梯形渠道人力启闭节制闸设计图 | 图号 | QD-JZW-58 |

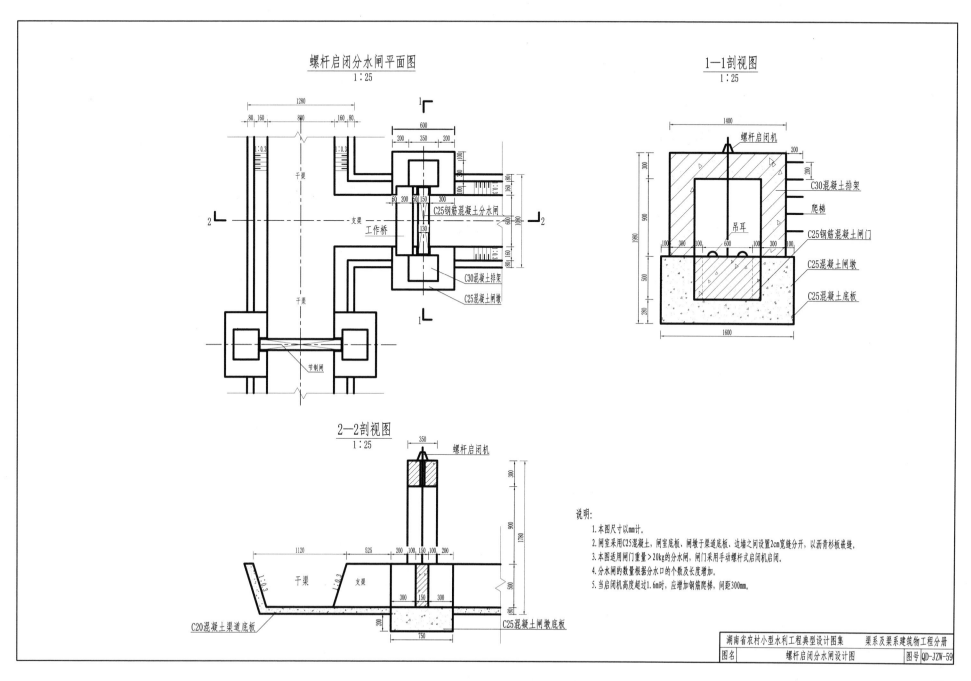

螺杆启闭分水闸平面图
1:25

干渠

支渠

工作桥

C25钢筋混凝土分水闸

C30混凝土排架

C25混凝土闸墩

干渠

节制闸

1—1剖视图
1:25

螺杆启闭机

C30混凝土排架

爬梯

C25钢筋混凝土闸门

吊耳

C25混凝土闸墩

C25混凝土底板

2—2剖视图
1:25

螺杆启闭机

干渠

支渠

C20混凝土渠道底板

C25混凝土闸墩底板

说明:
1. 本图尺寸以mm计。
2. 闸室采用C25混凝土,闸室底板、闸墩于渠道底板、边墙之间设置2cm宽缝分开,以沥青杉板嵌缝。
3. 本图适用闸门重量>20kg的分水闸,闸门采用手动螺杆式启闭机启闭。
4. 分水闸的数量根据分水口的个数及长度增加。
5. 当启闭机高度超过1.6m时,应增加钢筋爬梯,间距300mm。

湖南省农村小型水利工程典型设计图集	渠系及渠系建筑物工程分册
图名	螺杆启闭分水闸设计图
图号	QD-JZW-59

65

排架配筋图
1:25

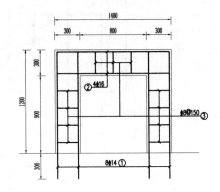

钢 筋 表

编号	直径(mm)	型 式	单根长(mm)	根数	总长(m)	重量(kg)
①	Φ14	1475	1475	8	11.80	14.3
②	Φ16	1350	1350	4	5.40	8.5
③	Φ8	250☐250	1000	11	11.00	4.3
④	Φ8	450	450	5	2.25	0.9
⑤	Φ8	750	750	3	2.25	0.9
合计	净 重				28.9	
	加5%损耗总重				30.3	

闸门配筋图
1:25

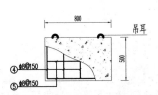

说明:
1. 本图尺寸以mm计.
2. 混凝土强度等级: 排架为C30, 闸门为C25, 闸墩及底板均为C25.
3. 闸门启闭采用1T盘式启闭机启闭.
4. φ12以上采用HRB400型、φ12以下采用HPB300型, 钢筋保护层厚度25mm.

湖南省农村小型水利工程典型设计图集	渠系及渠系建筑物工程分册
图名	螺杆启闭分水闸配筋图	图号	QD-JZW-60

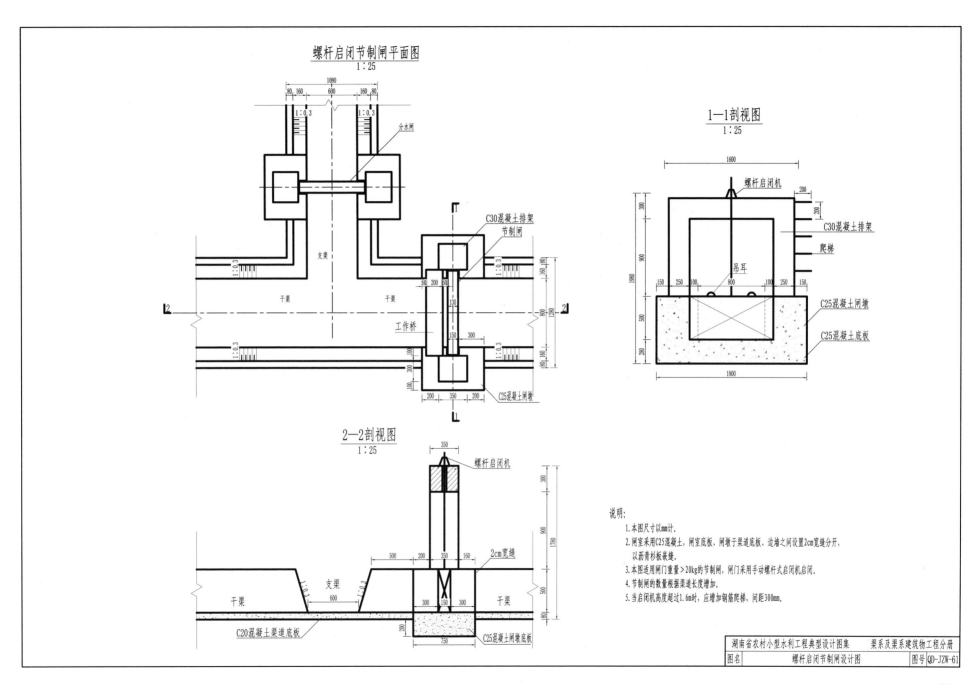

螺杆启闭节制闸平面图
1:25

分水闸

C30混凝土排架

节制闸

支渠

干渠 干渠

工作桥

C25混凝土闸墩

1—1剖视图
1:25

螺杆启闭机

C30混凝土排架

爬梯

吊耳

C25混凝土闸墩

C25混凝土底板

2—2剖视图
1:25

螺杆启闭机

2cm宽缝

支渠

干渠 干渠

C20混凝土渠道底板

C25混凝土闸墩底板

说明:
1. 本图尺寸以mm计。
2. 闸室采用C25混凝土,闸室底板、闸墩于渠道底板、边墙之间设置2cm宽缝分开,以沥青杉板嵌缝。
3. 本图适用闸门重量>20kg的节制闸,闸门采用手动螺杆式启闭机启闭。
4. 节制闸的数量根据渠道长度增加。
5. 当启闭机高度超过1.6m时,应增加钢筋爬梯,间距300mm。

排架配筋图
1:25

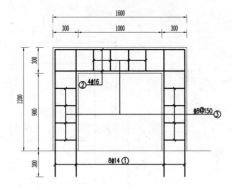

闸门配筋图
1:25

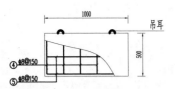

钢筋表

编号	直径(mm)	型式	单根长(mm)	根数	总长(m)	重量(kg)
①	⊕14	1475	1475	8	11.80	14.3
②	⊕16	1550	1550	4	6.20	9.8
③	⊕8	250 250	1000	12	12.00	4.7
④	⊕8	450	450	6	2.70	1.1
⑤	⊕8	950	950	3	2.85	1.1
合计	净 重					31.0
	加5%损耗总重					32.5

说明:
1.本图尺寸以mm计。
2.混凝土强度等级:排架为C30,闸门为C25,闸墩及底板均为C25。
3.闸门启闭采用1T盘式启闭机启闭。
4. φ12以上采用HRB400型、φ12以下采用HPB300型,钢筋保护层厚度25mm。

湖南省农村小型水利工程典型设计图集	渠系及渠系建筑物工程分册	
图名	螺杆启闭分水闸配筋图	图号 QD-JZW-62

TB01平面图
1:50

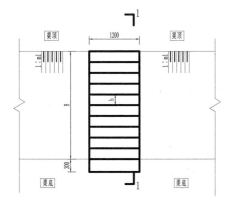

1—1剖视图
1:50

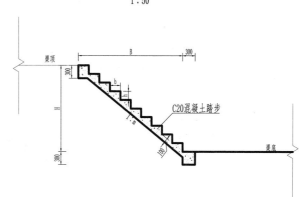

C20混凝土踏步

立面图
1:50

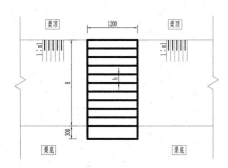

踏步设计参数表

序号	坡比m	踏步尺寸	
		宽度b(mm)	高度h(mm)
1	1:1.5	225	150
2	1:1.8	270	150
3	1:2.0	300	150
4	1:1.5	240	160
5	1:1.8	288	160
6	1:2.0	320	160

说明：
1.本图尺寸以mm计。
2.本图为踏步典型设计图，踏步高度H及宽度B根据实际情况进行确定。
3.根据实际情况确定码头位置和数量。
4.未尽事宜按现行规范执行。

$$\frac{TB02}{1:50}$$

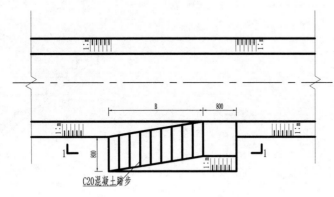

B　　800

800

C20混凝土踏步

$$\frac{1-1剖视图}{1:50}$$

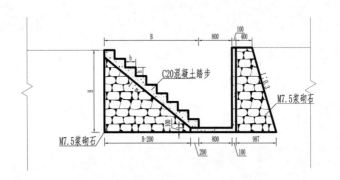

B　　800　　100
　　　　　400

C20混凝土踏步

H

M7.5浆砌石

M7.5浆砌石

B-200　　800　　987

200　　100

踏步设计参数表

序号	踏步尺寸		
	坡比m	宽度b(mm)	高度h(mm)
1	1:1.5	225	150
2	1:1.8	270	150
3	1:2.0	300	150
4	1:1.5	240	160
5	1:1.8	288	160
6	1:2.0	320	160

说明:
1.本图尺寸以mm计。
2.本图为踏步典型设计图,踏步高度H及宽度B根据实际情况进行确定。
3.根据实际情况确定码头位置和数量。
4.未尽事宜按现行规范执行。

湖南省农村小型水利工程典型设计图集		渠系及渠系建筑物工程分册	
图名	渠道踏步设计图(2/2)		图号 QD-JZW-64

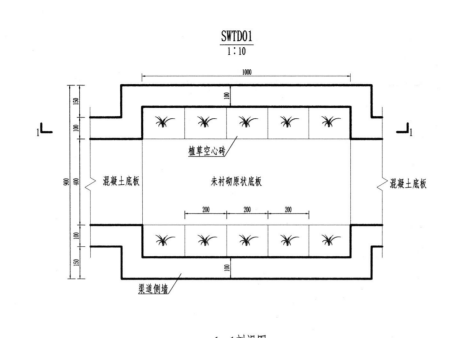

SWTD01
1:10

1000

150
100
900
400
100
150

植草空心砖

未衬砌原状底板

混凝土底板

混凝土底板

200 200 200

渠道侧墙

100

1 — 1

1—1剖视图
1:10

1000

200

▽渠顶

植草

▽渠底

400

100

空心砖

C20混凝土侧墙

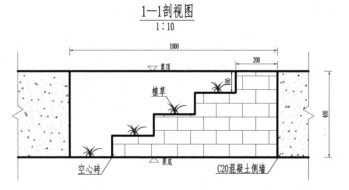

说明：

1. 本图尺寸以mm计。

2. 生物通道段以空心砖代替C20混凝土，砖内填土植草双向布置。

3. 生物通道每100m布置一处为宜。

4. 未尽事宜按现行规范执行。

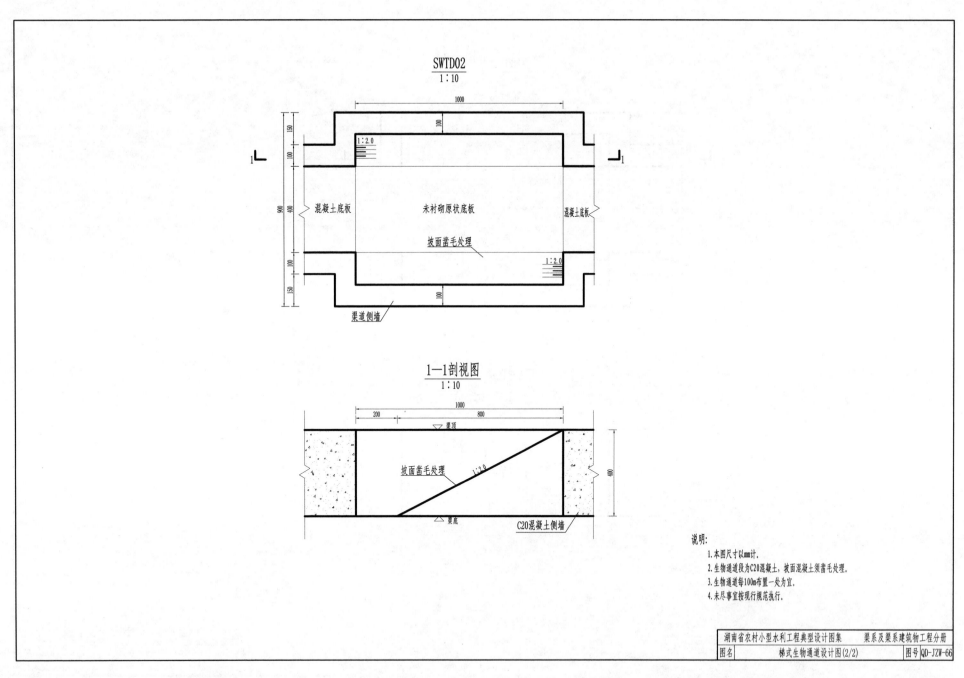

SWTD02
1:10

混凝土底板

未衬砌原状底板

混凝土底板

坡面凿毛处理

渠道侧墙

1—1剖视图
1:10

渠顶

坡面凿毛处理

渠底

C20混凝土侧墙

说明:
1.本图尺寸以mm计。
2.生物通道段为C20混凝土,坡面混凝土须凿毛处理。
3.生物通道每100m布置一处为宜。
4.未尽事宜按现行规范执行。

湖南省农村小型水利工程典型设计图集	渠系及渠系建筑物工程分册		
图名	梯式生物通道设计图(2/2)	图号	QD-JZW-66

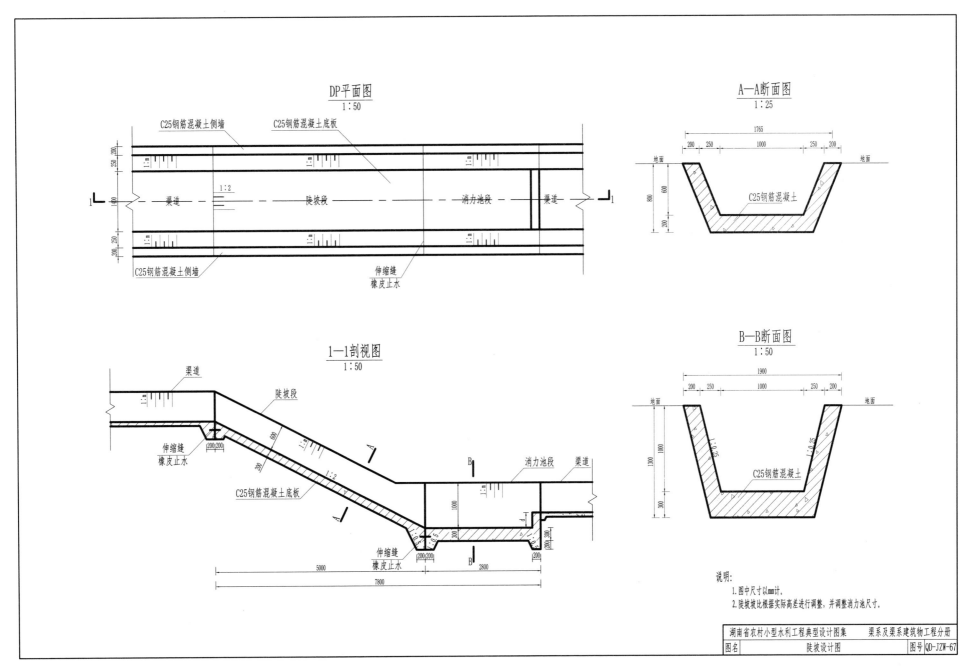

DP平面图
1:50

C25钢筋混凝土侧墙　C25钢筋混凝土底板

渠道　陡坡段　消力池段　渠道

1:2

C25钢筋混凝土侧墙

伸缩缝
橡皮止水

A—A断面图
1:25

1765
200　250　1000　250　200

地面　地面

800　600　200

C25钢筋混凝土

1—1剖视图
1:50

渠道　陡坡段

伸缩缝
橡皮止水

C25钢筋混凝土底板

1:2

消力池段　渠道

伸缩缝
橡皮止水

5000　2800
7800

B—B断面图
1:50

1900
200　250　1000　250　200

地面　地面

1300　1000　300

C25钢筋混凝土

说明:
1.图中尺寸以mm计。
2.陡坡坡比根据实际高差进行调整,并调整消力池尺寸。

湖南省农村小型水利工程典型设计图集　渠系及渠系建筑物工程分册

| 图名 | 陡坡设计图 | 图号 | QD-JZW-67 |

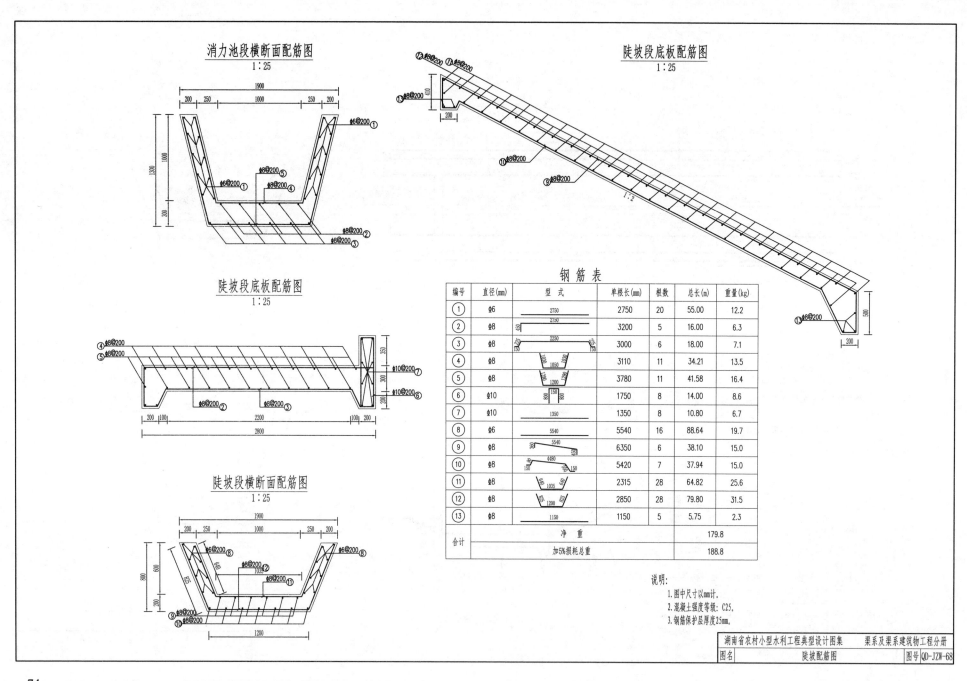

消力池段横断面配筋图
1:25

陡坡段底板配筋图
1:25

陡坡段底板配筋图
1:25

陡坡段横断面配筋图
1:25

钢 筋 表

编号	直径(mm)	型 式	单根长(mm)	根数	总长(m)	重量(kg)
①	Φ6	2750	2750	20	55.00	12.2
②	Φ8	2750	3200	5	16.00	6.3
③	Φ8	2250	3000	6	18.00	7.1
④	Φ8	1050	3110	11	34.21	13.5
⑤	Φ8	1200	3780	11	41.58	16.4
⑥	Φ10	150 800	1750	8	14.00	8.6
⑦	Φ10	1350	1350	8	10.80	6.7
⑧	Φ6	5540	5540	16	88.64	19.7
⑨	Φ8	5540	6350	6	38.10	15.0
⑩	Φ8	4480	5420	7	37.94	15.0
⑪	Φ8	1035	2315	28	64.82	25.6
⑫	Φ8	1200	2850	28	79.80	31.5
⑬	Φ8	1150	1150	5	5.75	2.3
合计	净 重					179.8
	加5%损耗总重					188.8

说明:
1. 图中尺寸以mm计。
2. 混凝土强度等级: C25。
3. 钢筋保护层厚度25mm。

湖南省农村小型水利工程典型设计图集	渠系及渠系建筑物工程分册	
图名	陡坡配筋图	图号 QD-JZW-68

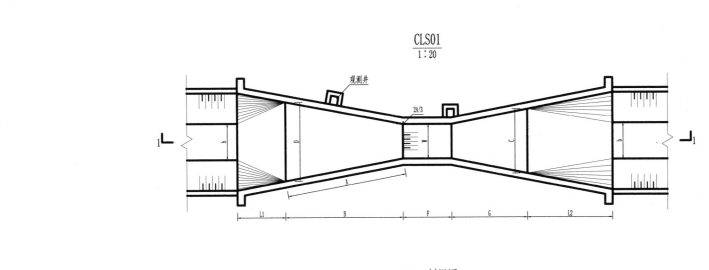

$$\underline{\text{CLS01}}$$
$$1:20$$

观测井

2A/3

1

1

L1 B F G L2

$$\underline{1-1剖视图}$$
$$1:20$$

L1 B F G L2

水流

进水孔

进水孔

1:4

1:6

P

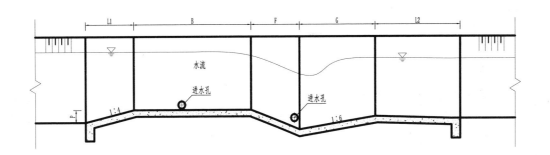

标准巴歇尔量水槽尺寸表

W(m)	A(m)	2A/3(m)	B(m)	C(m)	D(m)	量测范围(m³/s)	
						最小	最大
0.25	1.35	0.90	1.33	0.55	0.78	0.01	0.56
0.55	1.48	0.99	1.45	0.80	1.08	0.01	1.16

说明:
1. 本图尺寸以mm计。
2. 巴歇尔量水槽由进口收缩段、喉道、出口扩散段及上下游水尺组成。
3. 未尽事宜按现行规范执行。

湖南省农村小型水利工程典型设计图集　　渠系及渠系建筑物工程分册

| 图名 | 量水槽设计图 | 图号 | QD-JZW-69 |

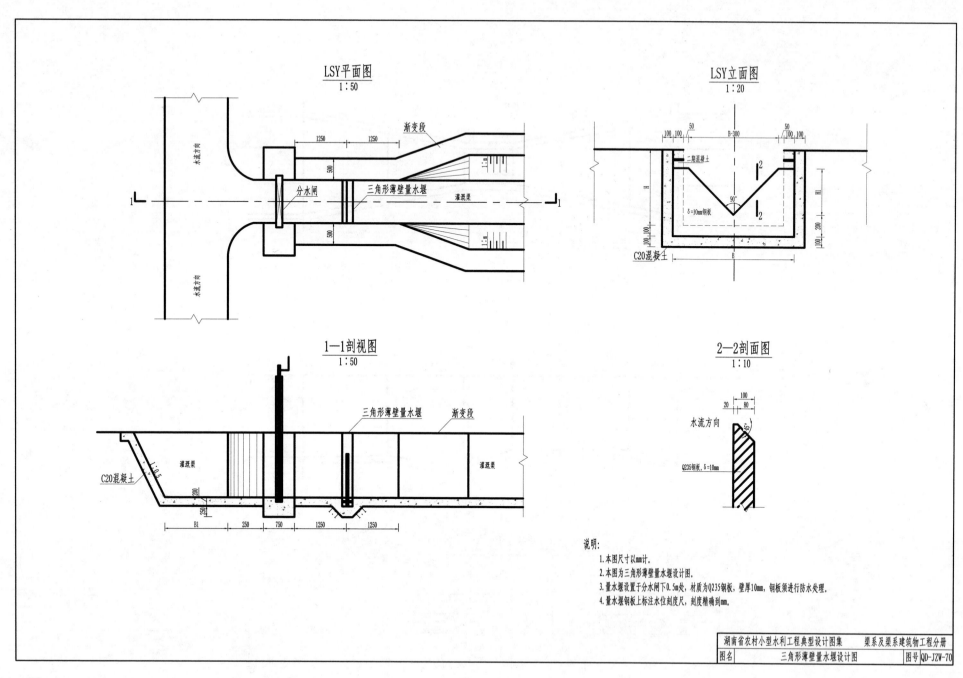

LSY平面图
1:50

渐变段

1250　1250

500

水流方向

分水闸

三角形薄壁量水堰

灌溉渠

1:8

水流方向

500

1:8

1　1

LSY立面图
1:20

100 100　50　B-300　50　100 100

二期混凝土

2

H

δ=10mm钢板

90°

H1

2

C20混凝土

100 100　200　100

B

1—1剖视图
1:50

三角形薄壁量水堰

渐变段

C20混凝土

灌溉渠

1:0.5

灌溉渠

200

250

B1　250　750　1250　1250

2—2剖面图
1:10

100

20　80

水流方向

45°

Q235钢板，δ=10mm

说明：
1.本图尺寸以mm计。
2.本图为三角形薄壁量水堰设计图。
3.量水堰设置于分水闸下0.5m处，材质为Q235钢板，壁厚10mm，钢板须进行防水处理。
4.量水堰钢板上标注水位刻度尺，刻度精确到mm。

湖南省农村小型水利工程典型设计图集	渠系及渠系建筑物工程分册
图名　三角形薄壁量水堰设计图	图号　QD-JZW-70

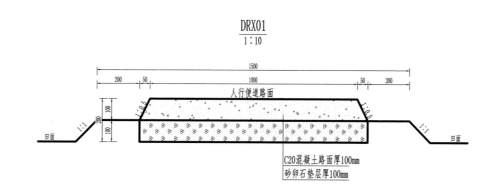

DRX01
1∶10

1500
200
50
1000
50
200
人行便道路面
1∶0.5
1∶0.5
1∶1
1∶1
200
100
100
田面
田面
C20混凝土路面厚100mm
砂卵石垫层厚100mm

道路伸缩缝大样图
1∶10

沥青杉板伸缩缝
100
20
C20混凝土

说明:

1. 本图尺寸以mm计。
2. 在混凝土施工之前，在混凝土施工之前，须对原有道路进行整平及压实，压实度不小于90%。
3. 混凝土路面每隔4m设置一条伸缩缝，以沥青杉板填缝。
4. 未尽事宜按现行规范执行。

湖南省农村小型水利工程典型设计图集		渠系及渠系建筑物工程分册	
图名	人行道设计图	图号	QD-JZW-71

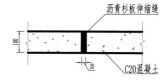

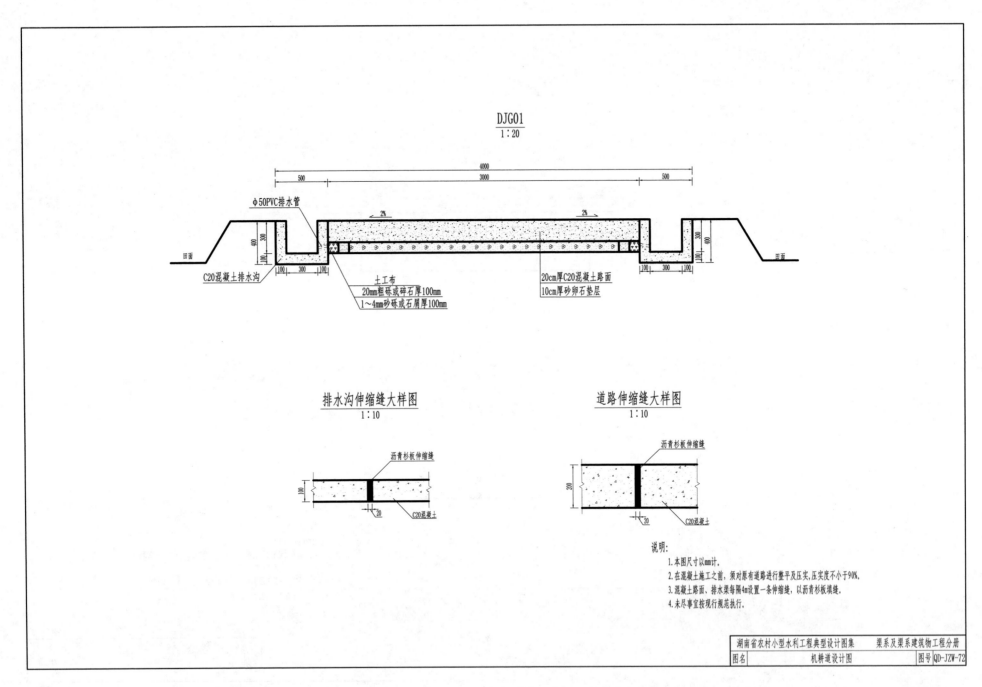

DJG01
1:20

φ50PVC排水管

2%　　2%

田面

C20混凝土排水沟

土工布
20mm粗砾或碎石厚100mm
1~4mm砂砾或石屑厚100mm

20cm厚C20混凝土路面
10cm厚砂卵石垫层

田面

排水沟伸缩缝大样图
1:10

沥青杉板伸缩缝

C20混凝土

道路伸缩缝大样图
1:10

沥青杉板伸缩缝

C20混凝土

说明：
1. 本图尺寸以mm计。
2. 在混凝土施工之前，须对原有道路进行整平及压实，压实度不小于90%。
3. 混凝土路面、排水渠每隔4m设置一条伸缩缝，以沥青杉板填缝。
4. 未尽事宜按现行规范执行。

湖南省农村小型水利工程典型设计图集		渠系及渠系建筑物工程分册	
图名	机耕道设计图	图号	QD-JZW-72

QRX平面图
1:20

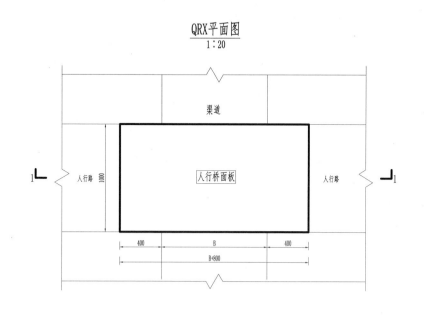

田间渠人行桥板工程特性表

序号	渠道上口净宽B(m)	人行桥		人行桥工程量
		长(mm)	宽(mm)	C25混凝土(m³)
1	400	1200	1000	0.180
2	500	1300	1000	0.195
3	600	1400	1000	0.210
4	700	1500	1000	0.225
5	800	1600	1000	0.240

1—1剖面图
1:20

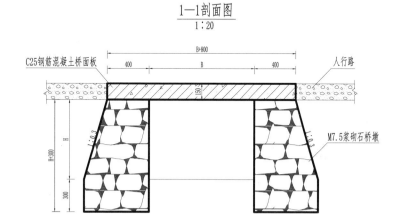

QRX桥板配筋图
1:20

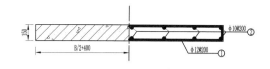

说明:
1. 本图尺寸以mm计。
2. 混凝土强度等级:桥板为C25。
3. 人行桥设置在各渠道上,桥面宽1m,厚0.2m,每端搭接长度0.4m。
4. 钢筋保护层厚度30mm。

湖南省农村小型水利工程典型设计图集 渠系及渠系建筑物工程分册

| 图名 | 田间人行桥设计图 | 图号 | QD-JZW-73 |

79

QJG平面图
1：20

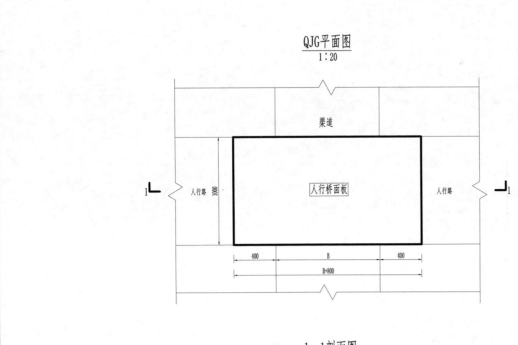

渠道

人行桥面板

人行路

1 ⌐

人行路

⌐ 1

400 | B | 400

B+800

田间渠人行桥板工程特性表

序号	渠道上口净宽B(m)	人行桥		人行桥工程量	桥墩工程量
		长（mm）	宽（mm）	C25混凝土（m³）	M7.5浆砌石（m³）
1	400	1200	1000	0.24	0.00
2	500	1300	1000	0.26	0.00
3	600	1400	1000	0.28	0.00
4	700	1500	1000	0.30	0.00
5	800	1600	1000	0.32	0.00

1—1剖面图
1：20

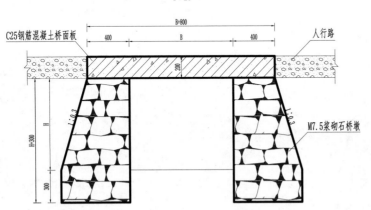

C25钢筋混凝土桥面板

人行路

M7.5浆砌石桥墩

B+800

400 | B | 400

QJG桥板配筋图
1：20

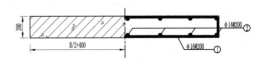

φ14@200 ②

φ16@200 ①

B/2+400

说明：
1. 本图尺寸以mm计。
2. 混凝土强度等级：桥板为C25。
3. 本图为典型设计，桥高度为1.0m、宽2.5m。
4. 要求地基承载力不小于150kPa。
5. 钢筋保护层厚度为30mm。

$\underline{\text{DXT01}}$
$1:50$

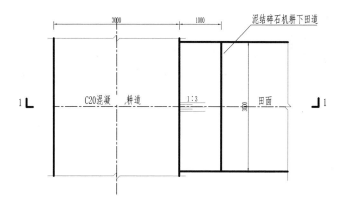

$\underline{1\text{—}1\text{剖面图}}$
$1:50$

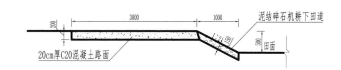

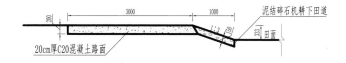

说明:
1.本图尺寸以mm计。
2.本图为下田道典型设计图,具体尺寸宜根据实际情况进行调整。
3.未尽事宜按现行规范执行。

湖南省农村小型水利工程典型设计图集		渠系及渠系建筑物工程分册	
图名	机耕路下田道设计图	图号	QD-JZW-75

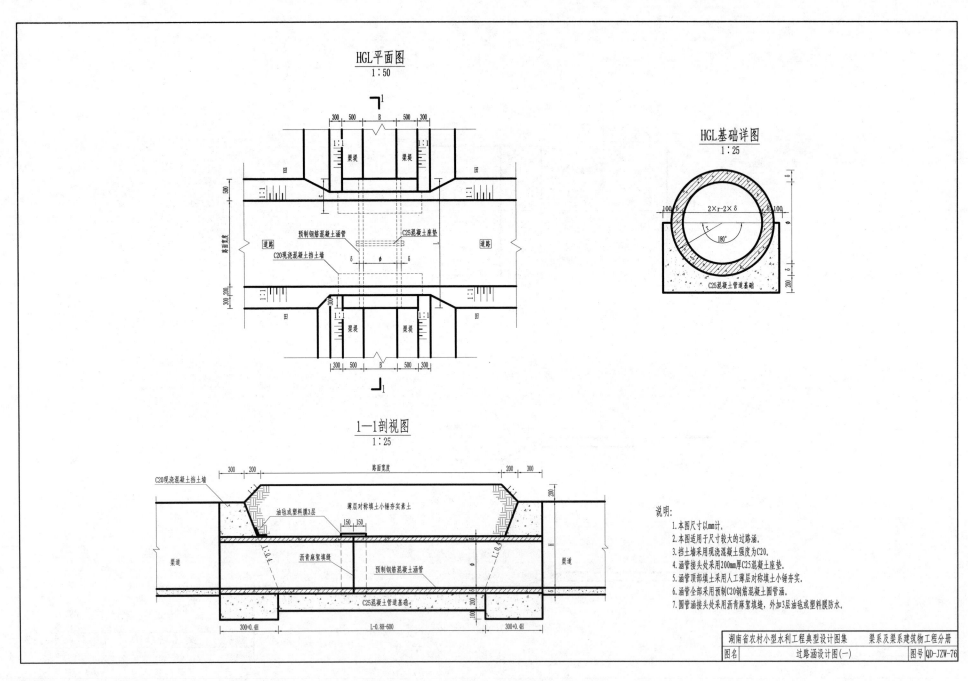

HGL平面图
1:50

HGL基础详图
1:25

2×r-2×δ

180°

C25混凝土管道基础

1—1剖视图
1:25

C20现浇混凝土挡土墙

油毡或塑料膜3层

薄层对称填土小锤夯实素土

沥青麻絮填缝

预制钢筋混凝土涵管

渠道

C25混凝土管道基础

路面宽度

渠道

300+0.4H   L-0.8H-600   300+0.4H

预制钢筋混凝土涵管   C25混凝土座垫

C20现浇混凝土挡土墙

道路   道路

渠堤   渠堤

田   田

渠堤   渠堤

300 500 B 500 300

说明:
1. 本图尺寸以mm计。
2. 本图适用于尺寸较大的过路涵。
3. 挡土墙采用现浇混凝土强度为C20。
4. 涵管接头处采用200mm厚C25混凝土座垫。
5. 涵管顶部填土采用人工薄层对称填土小锤夯实。
6. 涵管全部采用预制C20钢筋混凝土圆管涵。
7. 圆管涵接头处采用沥青麻絮填缝,外加3层油毡或塑料膜防水。

湖南省农村小型水利工程典型设计图集		渠系及渠系建筑物工程分册	
图名	过路涵设计图(一)	图号	QD-JZW-76

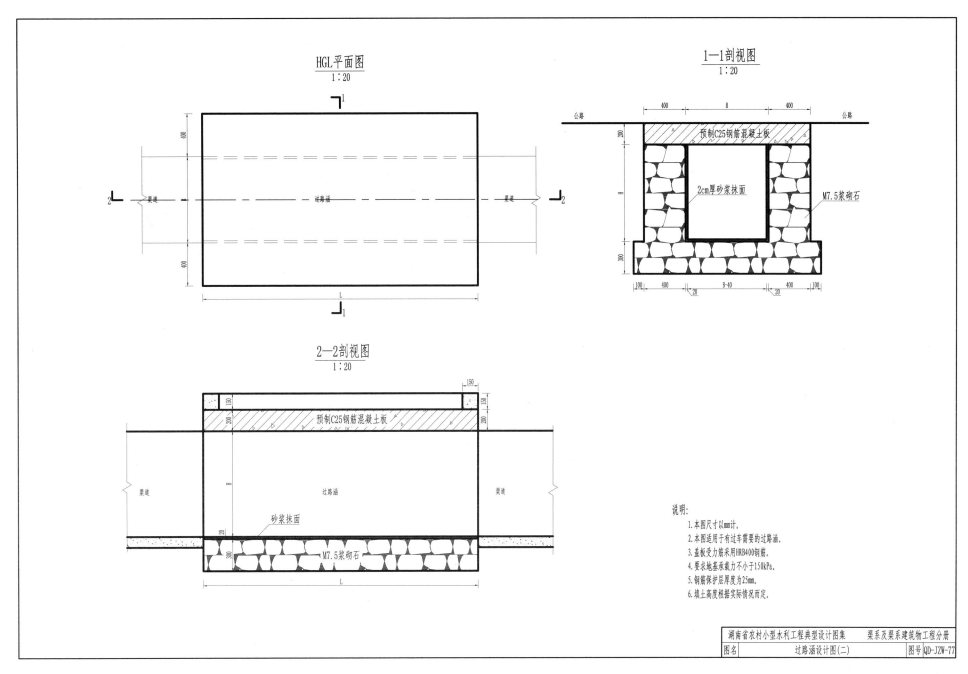

HGL平面图
1:20

1—1剖视图
1:20

公路   400   B   400   公路

预制C25钢筋混凝土板

2cm厚砂浆抹面

M7.5浆砌石

100   400   20   B-40   20   400   100

渠道   过路涵   渠道

2—2剖视图
1:20

150   150

预制C25钢筋混凝土板

渠道   过路涵   渠道

砂浆抹面

M7.5浆砌石

L

说明:
1. 本图尺寸以mm计。
2. 本图适用于有过车需要的过路涵。
3. 盖板受力筋采用HRB400钢筋。
4. 要求地基承载力不小于150kPa。
5. 钢筋保护层厚度为25mm。
6. 填土高度根据实际情况而定。

湖南省农村小型水利工程典型设计图集		渠系及渠系建筑物工程分册	
图名	过路涵设计图(二)	图号	QD-JZW-77

83

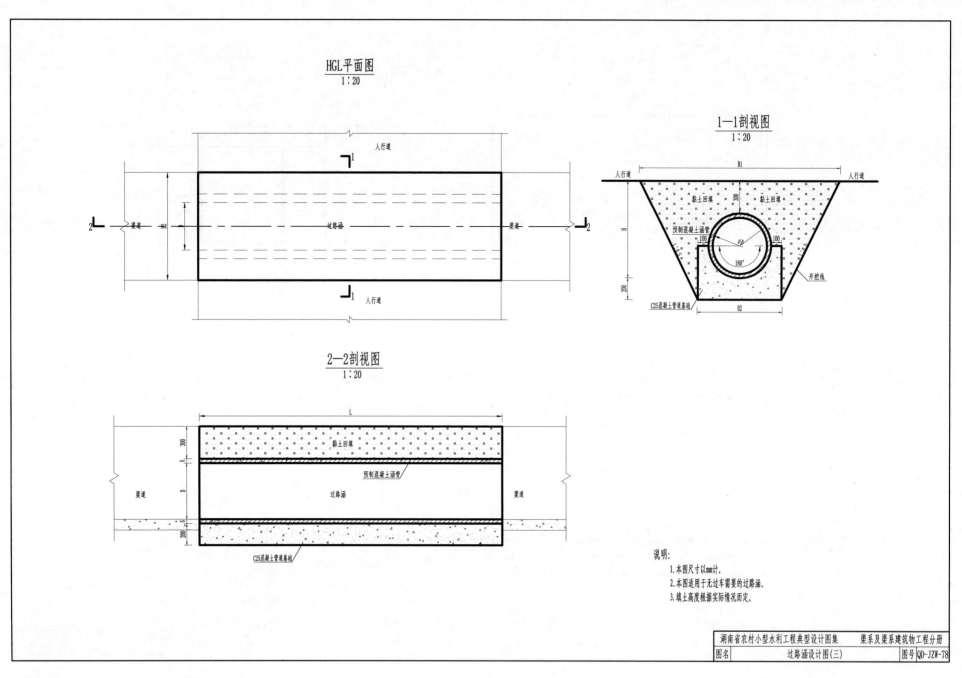

HGL平面图
1：20

人行道

过路涵

渠道

渠道

人行道

1—1剖视图
1：20

人行道

B1

人行道

黏土回填

黏土回填

预制混凝土涵管

开挖线

C25混凝土管道基础

B2

2—2剖视图
1：20

L

黏土回填

预制混凝土涵管

渠道

过路涵

渠道

C25混凝土管道基础

说明：
1. 本图尺寸以mm计。
2. 本图适用于无过车需要的过路涵。
3. 填土高度根据实际情况而定。

湖南省农村小型水利工程典型设计图集	渠系及渠系建筑物工程分册	
图名	过路涵设计图(三)	图号 QD-JZW-78

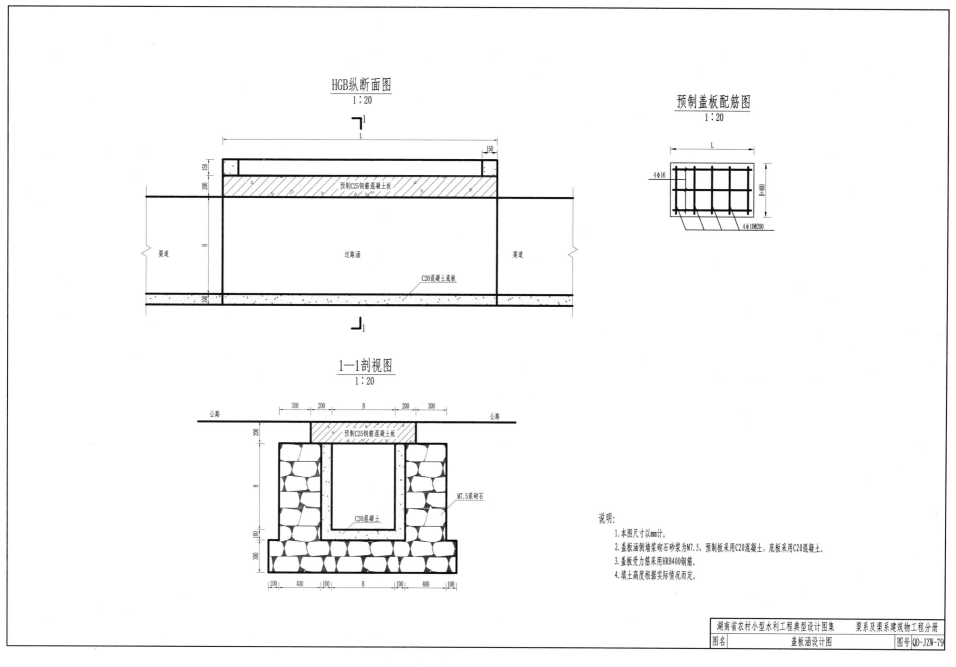

HGB纵断面图
1:20

预制C25钢筋混凝土板

渠道　　过路涵　　渠道

C20混凝土底板

预制盖板配筋图
1:20

4φ16

B+400

4φ10@200

1—1剖视图
1:20

公路　　公路

预制C25钢筋混凝土板

M7.5浆砌石

C20混凝土

说明:
1. 本图尺寸以mm计。
2. 盖板涵侧墙浆砌石砂浆为M7.5,预制板采用C20混凝土,底板采用C20混凝土。
3. 盖板受力筋采用HRB400钢筋。
4. 填土高度根据实际情况而定。

湖南省农村小型水利工程典型设计图集	渠系及渠系建筑物工程分册	
图名	盖板涵设计图	图号 QD-JZW-79

85

附表1

梯 形 渠 道

一、续灌渠道模式									
渠道设计流量（m³/s）＼渠道（水面线）设计纵坡 i	1/500	1/1000	1/2000	1/3000	1/4000	1/5000	1/6000	1/8000	1/10000
$Q_设≤0.01$	T300	T300	T300	T300	T300	T300	T300	T300, T400	T300, T400
$0.01<Q_设≤0.02$	T300	T300	T300, T400	T300, T400	T300, T400	T300, T400	T400	T400	T400
$0.02<Q_设≤0.05$	T300, T400	T400	T400, T500	T400, T500	T400, T500	T400, T500	T500	T500, T600	T500, T600
$0.05<Q_设≤0.10$	T400	T400, T500	T500	T500	T500, T600	T600, T700	T600, T700	T600, T700	T600, T700
$0.10<Q_设≤0.15$	T500	T500, T600	T600, T700	T600, T700	T700	T700, T800	T700, T800	T700, T800	T800
$0.15<Q_设≤0.20$	T500, T600	T600	T700	T700, T800	T800	T800	T800	T800, T900	T900
$0.20<Q_设≤0.25$	T600	T700	T700, T800	T800	T800, T900	T800, T900	T900	T900, T1000	T900, T1000
$0.25<Q_设≤0.30$	T600, T700	T700	T800	T800, T900	T900	T900, T1000	T1000	T1000	T1100
$0.30<Q_设≤0.35$	T700	T700, T800	T800, T900	T900	T1000	T1000	T1000	T1100	T1100
$0.35<Q_设≤0.40$	T700	T800	T900	T1000	T1000	T1000, T1100	T1100	T1100	T1200
$0.40<Q_设≤0.45$	T700	T800	T900, T1000	T1000	T1100	T1100	T1100	T1200	T1200
$0.45<Q_设≤0.50$	T800	T800, T900	T1000	T1100	T1100	T1100	T1200	T1200	T1300
$0.50<Q_设≤0.60$	T800	T900	T1000	T1100	T1200	T1200	T1200	T1200, T1300	T1300
$0.60<Q_设≤0.70$	T800, T900	T900, T1000	T1100	T1200	T1200	T1200, T1300	T1300	T1300, T1400	T1400
$0.70<Q_设≤0.80$	T900	T1000	T1100	T1200	T1200, T1300	T1300	T1300, T1400	T1400	T1500
$0.80<Q_设≤0.90$	T900, T1000	T1000, T1100	T1200	T1200, T1300	T1300	T1400	T1400	T1500	T1500
$0.90<Q_设≤1.00$	T1000	T1100	T1200	T1300	T1400	T1400	T1500	T1500	T1500

二、轮灌渠道模式									
渠道设计流量（m³/s） ＼ 渠道（水面线）设计纵坡 i	1/500	1/1000	1/2000	1/3000	1/4000	1/5000	1/6000	1/8000	1/10000
$Q_设 ≤ 0.01$	T300	T300	T300	T300	T300	T300	T300	T300	T300
$0.01 < Q_设 ≤ 0.02$	T300	T300	T300	T300	T400	T400	T400	T400	T400
$0.02 < Q_设 ≤ 0.05$	T300	T300，T400	T400	T400	T400	T400，T500	T400，T500	T400，T500	T500
$0.05 < Q_设 ≤ 0.10$	T400	T400，T500	T400，T500	T500	T500，T600	T500，T600	T600	T600，T700	T600，T700
$0.10 < Q_设 ≤ 0.15$	T400，T500	T500	T500，T600	T600	T600，T700	T600，T700	T700	T700	T700，T800
$0.15 < Q_设 ≤ 0.20$	T500	T500，T600	T600，T700	T700	T700	T700，T800	T700，T800	T800	T800
$0.20 < Q_设 ≤ 0.25$	T500	T600	T700	T700，T800	T800	T800	T800	T800，T900	T900
$0.25 < Q_设 ≤ 0.30$	T600	T700	T700	T800	T800	T800，T900	T900	T900，T1000	T1000
$0.30 < Q_设 ≤ 0.35$	T600	T700	T700	T800	T900	T900	T900，T1000	T1000	T1000
$0.35 < Q_设 ≤ 0.40$	T600，T700	T700	T800	T900	T900	T900，T1000	T1000	T1000	T1100
$0.40 < Q_设 ≤ 0.45$	T700	T700，T800	T800	T900	T1000	T1000	T1000	T1100	T1100
$0.45 < Q_设 ≤ 0.50$	T700	T800	T900	T900，T1000	T1000	T1000	T1100	T1100	T1100，T1200
$0.50 < Q_设 ≤ 0.60$	T700，T800	T800	T900，T1000	T1000	T1000，T1100	T1100	T1100	T1100，T1200	T1200
$0.60 < Q_设 ≤ 0.70$	T800	T800，T900	T1000	T1000，T1100	T1100	T1100，T1200	T1200	T1200，T1300	T1300
$0.70 < Q_设 ≤ 0.80$	T800	T900	T1000	T1100	T1100，T1200	T1200	T1200，T1300	T1300	T1300，T1400
$0.80 < Q_设 ≤ 0.90$	T800，T900	T1000	T1100	T1100，T1200	T1200	T1200，T1300	T1300	T1300，T1400	T1400
$0.90 < Q_设 ≤ 1.00$	T900	T1000	T1100	T1200	T1200，T1300	T1300	T1300，T1400	T1400	T1400，T1500

注　1. 本选型表依据国家标准GB 50288—2018《灌溉与排水工程设计标准》，分轮灌和续灌两种渠道灌溉模式，均按渠道设计流量进行渠槽选型。其中：续灌渠道选型已按规范考虑了30%的加大流量（渠道设计流量小于1m³/s时）；轮灌渠道无加大流量。

　　2. 渠槽选型根据不同的渠道设计流量$Q_设$和渠道（水面线）纵坡i进行。同一选型项中有两个渠槽型号时，按照较小流量对应较小渠槽型号、较大流量对应较大渠槽型号的原则选型。

附表2

梯形渠道各型号特征参数与设计流量计算成果表

渠槽型号	渠槽内底宽	渠槽内全高	渠槽安全超高	渠槽内水深	渠道纵坡	渠槽内坡边坡系数	糙率	流速（轮灌）	设计流量	
									轮灌渠道	续灌渠道
	b	H	Δh	h	i	m	n	V	$Q_{轮灌设}$	$Q_{续灌设}$
	m	m	m	m	$1/i$	内槽边坡角取 6°		m/s	m³/s	m³/s
T300	0.30	0.30	0.10	0.20	500	0.105	0.012	0.756	0.0486	0.0374
	0.30	0.30	0.10	0.20	1000	0.105	0.012	0.535	0.0343	0.0264
	0.30	0.30	0.10	0.20	2000	0.105	0.012	0.378	0.0243	0.0187
	0.30	0.30	0.10	0.20	3000	0.105	0.012	0.309	0.0198	0.0152
	0.30	0.30	0.10	0.20	4000	0.105	0.012	0.267	0.0172	0.0132
	0.30	0.30	0.10	0.20	5000	0.105	0.012	0.239	0.0154	0.0118
	0.30	0.30	0.10	0.20	6000	0.105	0.012	0.218	0.0140	0.0108
	0.30	0.30	0.10	0.20	8000	0.105	0.012	0.189	0.0121	0.0093
	0.30	0.30	0.10	0.20	10000	0.105	0.012	0.169	0.0109	0.0084
T400	0.40	0.40	0.10	0.30	500	0.105	0.012	0.952	0.1232	0.0948
	0.40	0.40	0.10	0.30	1000	0.105	0.012	0.673	0.0871	0.0670
	0.40	0.40	0.10	0.30	2000	0.105	0.012	0.476	0.0616	0.0474
	0.40	0.40	0.10	0.30	3000	0.105	0.012	0.388	0.0503	0.0387
	0.40	0.40	0.10	0.30	4000	0.105	0.012	0.336	0.0436	0.0335
	0.40	0.40	0.10	0.30	5000	0.105	0.012	0.301	0.0390	0.0300
	0.40	0.40	0.10	0.30	6000	0.105	0.012	0.275	0.0356	0.0274
	0.40	0.40	0.10	0.30	8000	0.105	0.012	0.238	0.0308	0.0237
	0.40	0.40	0.10	0.30	10000	0.105	0.012	0.213	0.0275	0.0212

渠槽型号	渠槽内底宽	渠槽内全高	渠槽安全超高	渠槽内水深	渠道纵坡	渠槽内坡边坡系数	糙率	流速（轮灌）	设计流量	
									轮灌渠道	续灌渠道
	b	*H*	Δ*h*	*h*	*i*	*m*	*n*	*V*	*Q*_{轮灌设}	*Q*_{续灌设}
	m	m	m	m	1/*i*	内槽边坡角取 6°		m/s	m³/s	m³/s
T500	0.50	0.50	0.10	0.40	500	0.105	0.012	1.127	0.2442	0.1879
	0.50	0.50	0.10	0.40	1000	0.105	0.012	0.797	0.1727	0.1329
	0.50	0.50	0.10	0.40	2000	0.105	0.012	0.563	0.1221	0.0939
	0.50	0.50	0.10	0.40	3000	0.105	0.012	0.460	0.0997	0.0767
	0.50	0.50	0.10	0.40	4000	0.105	0.012	0.398	0.0864	0.0664
	0.50	0.50	0.10	0.40	5000	0.105	0.012	0.356	0.0772	0.0594
	0.50	0.50	0.10	0.40	6000	0.105	0.012	0.325	0.0705	0.0542
	0.50	0.50	0.10	0.40	8000	0.105	0.012	0.282	0.0611	0.0470
	0.50	0.50	0.10	0.40	10000	0.105	0.012	0.252	0.0546	0.0420
T600	0.60	0.60	0.15	0.45	500	0.105	0.012	1.247	0.3632	0.2794
	0.60	0.60	0.15	0.45	1000	0.105	0.012	0.882	0.2568	0.1975
	0.60	0.60	0.15	0.45	2000	0.105	0.012	0.623	0.1816	0.1397
	0.60	0.60	0.15	0.45	3000	0.105	0.012	0.509	0.1483	0.1141
	0.60	0.60	0.15	0.45	4000	0.105	0.012	0.441	0.1284	0.0988
	0.60	0.60	0.15	0.45	5000	0.105	0.012	0.394	0.1148	0.0883
	0.60	0.60	0.15	0.45	6000	0.105	0.012	0.360	0.1048	0.0806
	0.60	0.60	0.15	0.45	8000	0.105	0.012	0.312	0.0908	0.0698
	0.60	0.60	0.15	0.45	10000	0.105	0.012	0.279	0.0812	0.0625

渠槽型号	渠槽内底宽	渠槽内全高	渠槽安全超高	渠槽内水深	渠道纵坡	渠槽内坡边坡系数	糙率	流速（轮灌）	设计流量	
									轮灌渠道	续灌渠道
	b	H	Δh	h	i	m	n	V	$Q_{轮灌设}$	$Q_{续灌设}$
	m	m	m	m	1/i	内槽边坡角取 6°		m/s	m³/s	m³/s
T700	0.70	0.70	0.15	0.55	500	0.105	0.012	1.402	0.5843	0.4495
	0.70	0.70	0.15	0.55	1000	0.105	0.012	0.991	0.4132	0.3178
	0.70	0.70	0.15	0.55	2000	0.105	0.012	0.701	0.2922	0.2247
	0.70	0.70	0.15	0.55	3000	0.105	0.012	0.572	0.2386	0.1835
	0.70	0.70	0.15	0.55	4000	0.105	0.012	0.496	0.2066	0.1589
	0.70	0.70	0.15	0.55	5000	0.105	0.012	0.443	0.1848	0.1421
	0.70	0.70	0.15	0.55	6000	0.105	0.012	0.405	0.1687	0.1298
	0.70	0.70	0.15	0.55	8000	0.105	0.012	0.351	0.1461	0.1124
	0.70	0.70	0.15	0.55	10000	0.105	0.012	0.314	0.1307	0.1005
T800	0.80	0.80	0.15	0.65	500	0.105	0.012	1.548	0.8739	0.6722
	0.80	0.80	0.15	0.65	1000	0.105	0.012	1.095	0.6179	0.4753
	0.80	0.80	0.15	0.65	2000	0.105	0.012	0.774	0.4370	0.3361
	0.80	0.80	0.15	0.65	3000	0.105	0.012	0.632	0.3568	0.2744
	0.80	0.80	0.15	0.65	4000	0.105	0.012	0.547	0.3090	0.2377
	0.80	0.80	0.15	0.65	5000	0.105	0.012	0.490	0.2764	0.2126
	0.80	0.80	0.15	0.65	6000	0.105	0.012	0.447	0.2523	0.1941
	0.80	0.80	0.15	0.65	8000	0.105	0.012	0.387	0.2185	0.1681
	0.80	0.80	0.15	0.65	10000	0.105	0.012	0.346	0.1954	0.1503

渠槽型号	渠槽内底宽	渠槽内全高	渠槽安全超高	渠槽内水深	渠道纵坡	渠槽内坡边坡系数	糙率	流速（轮灌）	设计流量	
									轮灌渠道	续灌渠道
	b	H	Δh	h	i	m	n	V	$Q_{轮灌设}$	$Q_{续灌设}$
	m	m	m	m	$1/i$	内槽边坡角取 6°		m/s	m³/s	m³/s
T900	0.90	0.90	0.20	0.70	500	0.105	0.012	1.653	1.1262	0.8663
	0.90	0.90	0.20	0.70	1000	0.105	0.012	1.169	0.7963	0.6126
	0.90	0.90	0.20	0.70	2000	0.105	0.012	0.826	0.5631	0.4331
	0.90	0.90	0.20	0.70	3000	0.105	0.012	0.675	0.4598	0.3537
	0.90	0.90	0.20	0.70	4000	0.105	0.012	0.584	0.3982	0.3063
	0.90	0.90	0.20	0.70	5000	0.105	0.012	0.523	0.3561	0.2739
	0.90	0.90	0.20	0.70	6000	0.105	0.012	0.477	0.3251	0.2501
	0.90	0.90	0.20	0.70	8000	0.105	0.012	0.413	0.2815	0.2166
	0.90	0.90	0.20	0.70	10000	0.105	0.012	0.370	0.2518	0.1937
T1000	1.00	1.00	0.20	0.80	500	0.105	0.012	1.788	1.5509	1.1930
	1.00	1.00	0.20	0.80	1000	0.105	0.012	1.265	1.0966	0.8436
	1.00	1.00	0.20	0.80	2000	0.105	0.012	0.894	0.7754	0.5965
	1.00	1.00	0.20	0.80	3000	0.105	0.012	0.730	0.6331	0.4870
	1.00	1.00	0.20	0.80	4000	0.105	0.012	0.632	0.5483	0.4218
	1.00	1.00	0.20	0.80	5000	0.105	0.012	0.566	0.4904	0.3772
	1.00	1.00	0.20	0.80	6000	0.105	0.012	0.516	0.4477	0.3444
	1.00	1.00	0.20	0.80	8000	0.105	0.012	0.447	0.3877	0.2982
	1.00	1.00	0.20	0.80	10000	0.105	0.012	0.400	0.3468	0.2668

渠槽型号	渠槽内底宽	渠槽内全高	渠槽安全超高	渠槽内水深	渠道纵坡	渠槽内坡边坡系数	糙率	流速（轮灌）	设计流量	
									轮灌渠道	续灌渠道
	b	H	Δh	h	i	m	n	V	$Q_{轮灌设}$	$Q_{续灌设}$
	m	m	m	m	1/i	内槽边坡角取6°		m/s	m³/s	m³/s
T1100	1.10	1.10	0.20	0.90	500	0.105	0.012	1.919	2.0628	1.5868
	1.10	1.10	0.20	0.90	1000	0.105	0.012	1.357	1.4586	1.1220
	1.10	1.10	0.20	0.90	2000	0.105	0.012	0.959	1.0314	0.7934
	1.10	1.10	0.20	0.90	3000	0.105	0.012	0.783	0.8421	0.6478
	1.10	1.10	0.20	0.90	4000	0.105	0.012	0.678	0.7293	0.5610
	1.10	1.10	0.20	0.90	5000	0.105	0.012	0.607	0.6523	0.5018
	1.10	1.10	0.20	0.90	6000	0.105	0.012	0.554	0.5955	0.4581
	1.10	1.10	0.20	0.90	8000	0.105	0.012	0.480	0.5157	0.3967
	1.10	1.10	0.20	0.90	10000	0.105	0.012	0.429	0.4613	0.3548
T1200	1.20	1.20	0.20	1.00	500	0.105	0.012	2.045	2.6684	2.0526
	1.20	1.20	0.20	1.00	1000	0.105	0.012	1.446	1.8869	1.4514
	1.20	1.20	0.20	1.00	2000	0.105	0.012	1.022	1.3342	1.0263
	1.20	1.20	0.20	1.00	3000	0.105	0.012	0.835	1.0894	0.8380
	1.20	1.20	0.20	1.00	4000	0.105	0.012	0.723	0.9434	0.7257
	1.20	1.20	0.20	1.00	5000	0.105	0.012	0.647	0.8438	0.6491
	1.20	1.20	0.20	1.00	6000	0.105	0.012	0.590	0.7703	0.5925
	1.20	1.20	0.20	1.00	8000	0.105	0.012	0.511	0.6671	0.5132
	1.20	1.20	0.20	1.00	10000	0.105	0.012	0.457	0.5967	0.4590

渠槽型号	渠槽内底宽	渠槽内全高	渠槽安全超高	渠槽内水深	渠道纵坡	渠槽内坡边坡系数	糙率	流速（轮灌）	设计流量	
									轮灌渠道	续灌渠道
	b	H	Δh	h	i	m	n	V	$Q_{轮灌设}$	$Q_{续灌设}$
	m	m	m	m	$1/i$	内槽边坡角取 6°		m/s	m³/s	m³/s
T1300	1.30	1.30	0.20	1.10	500	0.105	0.012	2.167	3.3739	2.5953
	1.30	1.30	0.20	1.10	1000	0.105	0.012	1.532	2.3857	1.8351
	1.30	1.30	0.20	1.10	2000	0.105	0.012	1.083	1.6869	1.2976
	1.30	1.30	0.20	1.10	3000	0.105	0.012	0.885	1.3774	1.0595
	1.30	1.30	0.20	1.10	4000	0.105	0.012	0.766	1.1928	0.9176
	1.30	1.30	0.20	1.10	5000	0.105	0.012	0.685	1.0669	0.8207
	1.30	1.30	0.20	1.10	6000	0.105	0.012	0.626	0.9739	0.7492
	1.30	1.30	0.20	1.10	8000	0.105	0.012	0.542	0.8435	0.6488
	1.30	1.30	0.20	1.10	10000	0.105	0.012	0.485	0.7544	0.5803
T1400	1.40	1.40	0.20	1.20	500	0.105	0.012	2.285	4.1850	3.2193
	1.40	1.40	0.20	1.20	1000	0.105	0.012	1.616	2.9593	2.2764
	1.40	1.40	0.20	1.20	2000	0.105	0.012	1.143	2.0925	1.6096
	1.40	1.40	0.20	1.20	3000	0.105	0.012	0.933	1.7085	1.3143
	1.40	1.40	0.20	1.20	4000	0.105	0.012	0.808	1.4796	1.1382
	1.40	1.40	0.20	1.20	5000	0.105	0.012	0.723	1.3234	1.0180
	1.40	1.40	0.20	1.20	6000	0.105	0.012	0.660	1.2081	0.9293
	1.40	1.40	0.20	1.20	8000	0.105	0.012	0.571	1.0463	0.8048
	1.40	1.40	0.20	1.20	10000	0.105	0.012	0.511	0.9358	0.7198

渠槽型号	渠槽内底宽	渠槽内全高	渠槽安全超高	渠槽内水深	渠道纵坡	渠槽内坡边坡系数	糙率	流速（轮灌）	设计流量	
									轮灌渠道	续灌渠道
	b	H	Δh	h	i	m	n	V	$Q_{轮灌设}$	$Q_{续灌设}$
	m	m	m	m	$1/i$	内槽边坡角取 6°		m/s	m³/s	m³/s
T1500	1.50	1.50	0.20	1.30	500	0.105	0.012	2.401	5.1078	3.9291
	1.50	1.50	0.20	1.30	1000	0.105	0.012	1.698	3.6118	2.7783
	1.50	1.50	0.20	1.30	2000	0.105	0.012	1.200	2.5539	1.9645
	1.50	1.50	0.20	1.30	3000	0.105	0.012	0.980	2.0853	1.6040
	1.50	1.50	0.20	1.30	4000	0.105	0.012	0.849	1.8059	1.3891
	1.50	1.50	0.20	1.30	5000	0.105	0.012	0.759	1.6152	1.2425
	1.50	1.50	0.20	1.30	6000	0.105	0.012	0.693	1.4745	1.1342
	1.50	1.50	0.20	1.30	8000	0.105	0.012	0.600	1.2770	0.9823
	1.50	1.50	0.20	1.30	10000	0.105	0.012	0.537	1.1421	0.8786

附表3

续灌渠道设计流量与灌溉面积计算成果表

灌溉水有效利用系数	田间综合灌水率 q （ m^3/s·万亩 ）	续灌渠道设计流量 $Q_{设}$/ （ m^3/s ）															
		0.01	0.02	0.05	0.10	0.15	0.20	0.25	0.30	0.35	0.40	0.45	0.50	0.60	0.70	0.80	0.90	1.00
0.85	0.35	243	486	1214	2429	3643	4857	6071	7286	8500	9714	10929	12143	14571	17000	19429	21857	24286
	0.40	213	425	1063	2125	3188	4250	5313	6375	7438	8500	9563	10625	12750	14875	17000	19125	21250
	0.45	189	378	944	1889	2833	3778	4722	5667	6611	7556	8500	9444	11333	13222	15111	17000	18889
	0.50	170	340	850	1700	2550	3400	4250	5100	5950	6800	7650	8500	10200	11900	13600	15300	17000
	0.55	155	309	773	1545	2318	3091	3864	4636	5409	6182	6955	7727	9273	10818	12364	13909	15455
	0.60	142	283	708	1417	2125	2833	3542	4250	4958	5667	6375	7083	8500	9917	11333	12750	14167
	0.65	131	262	654	1308	1962	2615	3269	3923	4577	5231	5885	6538	7846	9154	10462	11769	13077
	0.70	121	243	607	1214	1821	2429	3036	3643	4250	4857	5464	6071	7286	8500	9714	10929	12143
0.80	0.35	229	457	1143	2286	3429	4571	5714	6857	8000	9143	10286	11429	13714	16000	18286	20571	22857
	0.40	200	400	1000	2000	3000	4000	5000	6000	7000	8000	9000	10000	12000	14000	16000	18000	20000
	0.45	178	356	889	1778	2667	3556	4444	5333	6222	7111	8000	8889	10667	12444	14222	16000	17778
	0.50	160	320	800	1600	2400	3200	4000	4800	5600	6400	7200	8000	9600	11200	12800	14400	16000
	0.55	145	291	727	1455	2182	2909	3636	4364	5091	5818	6545	7273	8727	10182	11636	13091	14545
	0.60	133	267	667	1333	2000	2667	3333	4000	4667	5333	6000	6667	8000	9333	10667	12000	13333
	0.65	123	246	615	1231	1846	2462	3077	3692	4308	4923	5538	6154	7385	8615	9846	11077	12308
	0.70	114	229	571	1143	1714	2286	2857	3429	4000	4571	5143	5714	6857	8000	9143	10286	11429

95

灌溉水有效利用系数	田间综合灌水率 q（m³/s·万亩）	续灌渠道设计流量 $Q_{设}$/（m³/s）																
		0.01	0.02	0.05	0.10	0.15	0.20	0.25	0.30	0.35	0.40	0.45	0.50	0.60	0.70	0.80	0.90	1.00
0.75	0.35	214	429	1071	2143	3214	4286	5357	6429	7500	8571	9643	10714	12857	15000	17143	19286	21429
	0.40	188	375	938	1875	2813	3750	4688	5625	6563	7500	8438	9375	11250	13125	15000	16875	18750
	0.45	167	333	833	1667	2500	3333	4167	5000	5833	6667	7500	8333	10000	11667	13333	15000	16667
	0.50	150	300	750	1500	2250	3000	3750	4500	5250	6000	6750	7500	9000	10500	12000	13500	15000
	0.55	136	273	682	1364	2045	2727	3409	4091	4773	5455	6136	6818	8182	9545	10909	12273	13636
	0.60	125	250	625	1250	1875	2500	3125	3750	4375	5000	5625	6250	7500	8750	10000	11250	12500
	0.65	115	231	577	1154	1731	2308	2885	3462	4038	4615	5192	5769	6923	8077	9231	10385	11538
	0.70	107	214	536	1071	1607	2143	2679	3214	3750	4286	4821	5357	6429	7500	8571	9643	10714
0.70	0.35	200	400	1000	2000	3000	4000	5000	6000	7000	8000	9000	10000	12000	14000	16000	18000	20000
	0.40	175	350	875	1750	2625	3500	4375	5250	6125	7000	7875	8750	10500	12250	14000	15750	17500
	0.45	156	311	778	1556	2333	3111	3889	4667	5444	6222	7000	7778	9333	10889	12444	14000	15556
	0.50	140	280	700	1400	2100	2800	3500	4200	4900	5600	6300	7000	8400	9800	11200	12600	14000
	0.55	127	255	636	1273	1909	2545	3182	3818	4455	5091	5727	6364	7636	8909	10182	11455	12727
	0.60	117	233	583	1167	1750	2333	2917	3500	4083	4667	5250	5833	7000	8167	9333	10500	11667
	0.65	108	215	538	1077	1615	2154	2692	3231	3769	4308	4846	5385	6462	7538	8615	9692	10769
	0.70	100	200	500	1000	1500	2000	2500	3000	3500	4000	4500	5000	6000	7000	8000	9000	10000

灌溉水有效利用系数	田间综合灌水率 q（m³/s·万亩）	续灌渠道设计流量 $Q_设$/（m³/s）																
		0.01	0.02	0.05	0.10	0.15	0.20	0.25	0.30	0.35	0.40	0.45	0.50	0.60	0.70	0.80	0.90	1.00
0.65	0.35	186	371	929	1857	2786	3714	4643	5571	6500	7429	8357	9286	11143	13000	14857	16714	18571
	0.40	163	325	813	1625	2438	3250	4063	4875	5688	6500	7313	8125	9750	11375	13000	14625	16250
	0.45	144	289	722	1444	2167	2889	3611	4333	5056	5778	6500	7222	8667	10111	11556	13000	14444
	0.50	130	260	650	1300	1950	2600	3250	3900	4550	5200	5850	6500	7800	9100	10400	11700	13000
	0.55	118	236	591	1182	1773	2364	2955	3545	4136	4727	5318	5909	7091	8273	9455	10636	11818
	0.60	108	217	542	1083	1625	2167	2708	3250	3792	4333	4875	5417	6500	7583	8667	9750	10833
	0.65	100	200	500	1000	1500	2000	2500	3000	3500	4000	4500	5000	6000	7000	8000	9000	10000
	0.70	93	186	464	929	1393	1857	2321	2786	3250	3714	4179	4643	5571	6500	7429	8357	9286
0.60	0.35	171	343	857	1714	2571	3429	4286	5143	6000	6857	7714	8571	10286	12000	13714	15429	17143
	0.40	150	300	750	1500	2250	3000	3750	4500	5250	6000	6750	7500	9000	10500	12000	13500	15000
	0.45	133	267	667	1333	2000	2667	3333	4000	4667	5333	6000	6667	8000	9333	10667	12000	13333
	0.50	120	240	600	1200	1800	2400	3000	3600	4200	4800	5400	6000	7200	8400	9600	10800	12000
	0.55	109	218	545	1091	1636	2182	2727	3273	3818	4364	4909	5455	6545	7636	8727	9818	10909
	0.60	100	200	500	1000	1500	2000	2500	3000	3500	4000	4500	5000	6000	7000	8000	9000	10000
	0.65	92	185	462	923	1385	1846	2308	2769	3231	3692	4154	4615	5538	6462	7385	8308	9231
	0.70	86	171	429	857	1286	1714	2143	2571	3000	3429	3857	4286	5143	6000	6857	7714	8571

注　1. 根据渠道所处灌溉区域化灌溉水有效利用系数、田间综合灌水率和设计流量参数可查算设计灌溉面积参数，或反过来用灌溉面积查算设计流量参数。所有参数均可内插查算。

　　2. 本表适用于续灌模式渠道。

附表4

分两组轮灌渠道设计流量与灌溉面积计算成果表

灌溉水有效利用系数	田间综合灌水率 q （m³/s·万亩）	分两组轮灌渠道设计流量 $Q_设$ /（m³/s）																
		0.01	0.02	0.05	0.10	0.15	0.20	0.25	0.30	0.35	0.40	0.45	0.50	0.60	0.70	0.80	0.90	1.00
0.85	0.35	121	243	607	1214	1821	2429	3036	3643	4250	4857	5464	6071	7286	8500	9714	10929	12143
	0.40	106	213	531	1063	1594	2125	2656	3188	3719	4250	4781	5313	6375	7438	8500	9563	10625
	0.45	94	189	472	944	1417	1889	2361	2833	3306	3778	4250	4722	5667	6611	7556	8500	9444
	0.50	85	170	425	850	1275	1700	2125	2550	2975	3400	3825	4250	5100	5950	6800	7650	8500
	0.55	77	155	386	773	1159	1545	1932	2318	2705	3091	3477	3864	4636	5409	6182	6955	7727
	0.60	71	142	354	708	1063	1417	1771	2125	2479	2833	3188	3542	4250	4958	5667	6375	7083
	0.65	65	131	327	654	981	1308	1635	1962	2288	2615	2942	3269	3923	4577	5231	5885	6538
	0.70	61	121	304	607	911	1214	1518	1821	2125	2429	2732	3036	3643	4250	4857	5464	6071
0.80	0.35	114	229	571	1143	1714	2286	2857	3429	4000	4571	5143	5714	6857	8000	9143	10286	11429
	0.40	100	200	500	1000	1500	2000	2500	3000	3500	4000	4500	5000	6000	7000	8000	9000	10000
	0.45	89	178	444	889	1333	1778	2222	2667	3111	3556	4000	4444	5333	6222	7111	8000	8889
	0.50	80	160	400	800	1200	1600	2000	2400	2800	3200	3600	4000	4800	5600	6400	7200	8000
	0.55	73	145	364	727	1091	1455	1818	2182	2545	2909	3273	3636	4364	5091	5818	6545	7273
	0.60	67	133	333	667	1000	1333	1667	2000	2333	2667	3000	3333	4000	4667	5333	6000	6667
	0.65	62	123	308	615	923	1231	1538	1846	2154	2462	2769	3077	3692	4308	4923	5538	6154
	0.70	57	114	286	571	857	1143	1429	1714	2000	2286	2571	2857	3429	4000	4571	5143	5714

灌溉水有效利用系数	田间综合灌水率 q (m³/s·万亩)	分两组轮灌渠道设计流量 $Q_设$ /(m³/s)															
		0.01	0.02	0.05	0.10	0.15	0.20	0.25	0.30	0.35	0.40	0.45	0.50	0.60	0.70	0.80	0.90	1.00
0.75	0.35	107	214	536	1071	1607	2143	2679	3214	3750	4286	4821	5357	6429	7500	8571	9643	10714
	0.40	94	188	469	938	1406	1875	2344	2813	3281	3750	4219	4688	5625	6563	7500	8438	9375
	0.45	83	167	417	833	1250	1667	2083	2500	2917	3333	3750	4167	5000	5833	6667	7500	8333
	0.50	75	150	375	750	1125	1500	1875	2250	2625	3000	3375	3750	4500	5250	6000	6750	7500
	0.55	68	136	341	682	1023	1364	1705	2045	2386	2727	3068	3409	4091	4773	5455	6136	6818
	0.60	63	125	313	625	938	1250	1563	1875	2188	2500	2813	3125	3750	4375	5000	5625	6250
	0.65	58	115	288	577	865	1154	1442	1731	2019	2308	2596	2885	3462	4038	4615	5192	5769
	0.70	54	107	268	536	804	1071	1339	1607	1875	2143	2411	2679	3214	3750	4286	4821	5357
0.70	0.35	100	200	500	1000	1500	2000	2500	3000	3500	4000	4500	5000	6000	7000	8000	9000	10000
	0.40	88	175	438	875	1313	1750	2188	2625	3063	3500	3938	4375	5250	6125	7000	7875	8750
	0.45	78	156	389	778	1167	1556	1944	2333	2722	3111	3500	3889	4667	5444	6222	7000	7778
	0.50	70	140	350	700	1050	1400	1750	2100	2450	2800	3150	3500	4200	4900	5600	6300	7000
	0.55	64	127	318	636	955	1273	1591	1909	2227	2545	2864	3182	3818	4455	5091	5727	6364
	0.60	58	117	292	583	875	1167	1458	1750	2042	2333	2625	2917	3500	4083	4667	5250	5833
	0.65	54	108	269	538	808	1077	1346	1615	1885	2154	2423	2692	3231	3769	4308	4846	5385
	0.70	50	100	250	500	750	1000	1250	1500	1750	2000	2250	2500	3000	3500	4000	4500	5000

灌溉水有效利用系数	田间综合灌水率 q（$m^3/s\cdot$万亩）	分两组轮灌渠道设计流量 $Q_设$/（m^3/s）															
		0.01	0.02	0.05	0.10	0.15	0.20	0.25	0.30	0.35	0.40	0.45	0.50	0.60	0.70	0.80	0.90	1.00
0.65	0.35	93	186	464	929	1393	1857	2321	2786	3250	3714	4179	4643	5571	6500	7429	8357	9286
	0.40	81	163	406	813	1219	1625	2031	2438	2844	3250	3656	4063	4875	5688	6500	7313	8125
	0.45	72	144	361	722	1083	1444	1806	2167	2528	2889	3250	3611	4333	5056	5778	6500	7222
	0.50	65	130	325	650	975	1300	1625	1950	2275	2600	2925	3250	3900	4550	5200	5850	6500
	0.55	59	118	295	591	886	1182	1477	1773	2068	2364	2659	2955	3545	4136	4727	5318	5909
	0.60	54	108	271	542	813	1083	1354	1625	1896	2167	2438	2708	3250	3792	4333	4875	5417
	0.65	50	100	250	500	750	1000	1250	1500	1750	2000	2250	2500	3000	3500	4000	4500	5000
	0.70	46	93	232	464	696	929	1161	1393	1625	1857	2089	2321	2786	3250	3714	4179	4643
0.60	0.35	86	171	429	857	1286	1714	2143	2571	3000	3429	3857	4286	5143	6000	6857	7714	8571
	0.40	75	150	375	750	1125	1500	1875	2250	2625	3000	3375	3750	4500	5250	6000	6750	7500
	0.45	67	133	333	667	1000	1333	1667	2000	2333	2667	3000	3333	4000	4667	5333	6000	6667
	0.50	60	120	300	600	900	1200	1500	1800	2100	2400	2700	3000	3600	4200	4800	5400	6000
	0.55	55	109	273	545	818	1091	1364	1636	1909	2182	2455	2727	3273	3818	4364	4909	5455
	0.60	50	100	250	500	750	1000	1250	1500	1750	2000	2250	2500	3000	3500	4000	4500	5000
	0.65	46	92	231	462	692	923	1154	1385	1615	1846	2077	2308	2769	3231	3692	4154	4615
	0.70	43	86	214	429	643	857	1071	1286	1500	1714	1929	2143	2571	3000	3429	3857	4286

注　1. 根据渠道所处灌溉区域化灌溉水有效利用系数、田间综合灌水率和设计流量参数可查算设计灌溉面积参数，或反过来用灌溉面积查算设计流量参数。所有参数均可内插查算。

　　2. 本表适用于两组轮灌模式渠道。

附表5

分三组轮灌渠道设计流量与灌溉面积计算成果表

灌溉水有效利用系数	田间综合灌水率 q（ $m^3/s\cdot$ 万亩 ）	分三组轮灌渠道设计流量 $Q_设$/（ m^3/s ）															
		0.01	0.02	0.05	0.10	0.15	0.20	0.25	0.30	0.35	0.40	0.45	0.50	0.60	0.70	0.80	0.90	1.00
0.85	0.35	81	162	405	810	1214	1619	2024	2429	2833	3238	3643	4048	4857	5667	6476	7286	8095
	0.40	71	142	354	708	1063	1417	1771	2125	2479	2833	3188	3542	4250	4958	5667	6375	7083
	0.45	63	126	315	630	944	1259	1574	1889	2204	2519	2833	3148	3778	4407	5037	5667	6296
	0.50	57	113	283	567	850	1133	1417	1700	1983	2267	2550	2833	3400	3967	4533	5100	5667
	0.55	52	103	258	515	773	1030	1288	1545	1803	2061	2318	2576	3091	3606	4121	4636	5152
	0.60	47	94	236	472	708	944	1181	1417	1653	1889	2125	2361	2833	3306	3778	4250	4722
	0.65	44	87	218	436	654	872	1090	1308	1526	1744	1962	2179	2615	3051	3487	3923	4359
	0.70	40	81	202	405	607	810	1012	1214	1417	1619	1821	2024	2429	2833	3238	3643	4048
0.80	0.35	76	152	381	762	1143	1524	1905	2286	2667	3048	3429	3810	4571	5333	6095	6857	7619
	0.40	67	133	333	667	1000	1333	1667	2000	2333	2667	3000	3333	4000	4667	5333	6000	6667
	0.45	59	119	296	593	889	1185	1481	1778	2074	2370	2667	2963	3556	4148	4741	5333	5926
	0.50	53	107	267	533	800	1067	1333	1600	1867	2133	2400	2667	3200	3733	4267	4800	5333
	0.55	48	97	242	485	727	970	1212	1455	1697	1939	2182	2424	2909	3394	3879	4364	4848
	0.60	44	89	222	444	667	889	1111	1333	1556	1778	2000	2222	2667	3111	3556	4000	4444
	0.65	41	82	205	410	615	821	1026	1231	1436	1641	1846	2051	2462	2872	3282	3692	4103
	0.70	38	76	190	381	571	762	952	1143	1333	1524	1714	1905	2286	2667	3048	3429	3810

灌溉水有效利用系数	田间综合灌水率 q (m³/s·万亩)	分三组轮灌渠道设计流量 $Q_{设}$/(m³/s)															
		0.01	0.02	0.05	0.10	0.15	0.20	0.25	0.30	0.35	0.40	0.45	0.50	0.60	0.70	0.80	0.90	1.00
0.75	0.35	71	143	357	714	1071	1429	1786	2143	2500	2857	3214	3571	4286	5000	5714	6429	7143
	0.40	63	125	313	625	938	1250	1563	1875	2188	2500	2813	3125	3750	4375	5000	5625	6250
	0.45	56	111	278	556	833	1111	1389	1667	1944	2222	2500	2778	3333	3889	4444	5000	5556
	0.50	50	100	250	500	750	1000	1250	1500	1750	2000	2250	2500	3000	3500	4000	4500	5000
	0.55	45	91	227	455	682	909	1136	1364	1591	1818	2045	2273	2727	3182	3636	4091	4545
	0.60	42	83	208	417	625	833	1042	1250	1458	1667	1875	2083	2500	2917	3333	3750	4167
	0.65	38	77	192	385	577	769	962	1154	1346	1538	1731	1923	2308	2692	3077	3462	3846
	0.70	36	71	179	357	536	714	893	1071	1250	1429	1607	1786	2143	2500	2857	3214	3571
0.70	0.35	67	133	333	667	1000	1333	1667	2000	2333	2667	3000	3333	4000	4667	5333	6000	6667
	0.40	58	117	292	583	875	1167	1458	1750	2042	2333	2625	2917	3500	4083	4667	5250	5833
	0.45	52	104	259	519	778	1037	1296	1556	1815	2074	2333	2593	3111	3630	4148	4667	5185
	0.50	47	93	233	467	700	933	1167	1400	1633	1867	2100	2333	2800	3267	3733	4200	4667
	0.55	42	85	212	424	636	848	1061	1273	1485	1697	1909	2121	2545	2970	3394	3818	4242
	0.60	39	78	194	389	583	778	972	1167	1361	1556	1750	1944	2333	2722	3111	3500	3889
	0.65	36	72	179	359	538	718	897	1077	1256	1436	1615	1795	2154	2513	2872	3231	3590
	0.70	33	67	167	333	500	667	833	1000	1167	1333	1500	1667	2000	2333	2667	3000	3333

灌溉水有效利用系数	田间综合灌水率 q（m³/s·万亩）	分三组轮灌渠道设计流量 $Q_{设}$/（m³/s）																
		0.01	0.02	0.05	0.10	0.15	0.20	0.25	0.30	0.35	0.40	0.45	0.50	0.60	0.70	0.80	0.90	1.00
0.65	0.35	62	124	310	619	929	1238	1548	1857	2167	2476	2786	3095	3714	4333	4952	5571	6190
	0.40	54	108	271	542	813	1083	1354	1625	1896	2167	2438	2708	3250	3792	4333	4875	5417
	0.45	48	96	241	481	722	963	1204	1444	1685	1926	2167	2407	2889	3370	3852	4333	4815
	0.50	43	87	217	433	650	867	1083	1300	1517	1733	1950	2167	2600	3033	3467	3900	4333
	0.55	39	79	197	394	591	788	985	1182	1379	1576	1773	1970	2364	2758	3152	3545	3939
	0.60	36	72	181	361	542	722	903	1083	1264	1444	1625	1806	2167	2528	2889	3250	3611
	0.65	33	67	167	333	500	667	833	1000	1167	1333	1500	1667	2000	2333	2667	3000	3333
	0.70	31	62	155	310	464	619	774	929	1083	1238	1393	1548	1857	2167	2476	2786	3095
0.60	0.35	57	114	286	571	857	1143	1429	1714	2000	2286	2571	2857	3429	4000	4571	5143	5714
	0.40	50	100	250	500	750	1000	1250	1500	1750	2000	2250	2500	3000	3500	4000	4500	5000
	0.45	44	89	222	444	667	889	1111	1333	1556	1778	2000	2222	2667	3111	3556	4000	4444
	0.50	40	80	200	400	600	800	1000	1200	1400	1600	1800	2000	2400	2800	3200	3600	4000
	0.55	36	73	182	364	545	727	909	1091	1273	1455	1636	1818	2182	2545	2909	3273	3636
	0.60	33	67	167	333	500	667	833	1000	1167	1333	1500	1667	2000	2333	2667	3000	3333
	0.65	31	62	154	308	462	615	769	923	1077	1231	1385	1538	1846	2154	2462	2769	3077
	0.70	29	57	143	286	429	571	714	857	1000	1143	1286	1429	1714	2000	2286	2571	2857

注 1. 根据渠道所处灌溉区域灌溉水有效利用系数、田间综合灌水率和设计流量参数可查算设计灌溉面积参数，或反过来用灌溉面积查算设计流量参数。所有参数均可内插查算。

2. 本表适用于三组轮灌模式渠道。

附表6

T型槽槽底侧墙厚度计算成果表

型号	渠深	槽底侧墙加厚系数	槽底加厚值	槽口厚	槽底侧墙厚	
					理论值	采用值
	mm	tan（6°～4°）	mm	mm	mm	mm
T300	300	0.0350	10.5	40	50.5	50
T400	400	0.0350	14	40	54	55
T500	500	0.0350	17.5	40	57.5	60
T600	600	0.0350	21	40	61	65
T700	700	0.0350	24.5	50	74.5	75
T800	800	0.0350	28	50	78	80
T900	900	0.0350	31.5	50	81.5	85
T1000	1000	0.0350	35	50	85	90
T1100	1100	0.0350	38.5	50	88.5	90
T1200	1200	0.0350	42	50	92	90
T1300	1300	0.0350	45.5	50	95.5	100
T1400	1400	0.0350	49	50	99	100
T1500	1500	0.0350	52.5	50	102.5	110

第二部分

高效节水灌溉工程

说 明

1 范围

1.1 高效节水灌溉工程通常泛指管道输水灌溉工程。《图集》所称的高效节水灌溉工程包括低压管道灌溉（下称管灌）、固定式喷灌（下称喷灌）以及微灌等几种管道灌溉方式。

1.2 本分册为《图集》之高效节水灌溉工程分册。本分册提出了湖南省高效节水灌溉工程建设的一般要求。

1.3 高效节水灌溉工程其主要服务对象为具有稳定供水能力的农作物种植区。

1.4 高效节水灌溉系统包括水源、首部取水工程、管网、控制设施设备、计量及监控设备。其中水库、山塘、泉井、引调提水工程等水源工程不属本分册内容，山塘、泵站、河坝已列入《图集》第1、第2分册，本分册不再列入。

1.5 本册对于土、石方挖（填）工程系按构筑物周边地形平坦计算的工程量，但项目实际实施时，建议加强现场勘测，并根据当地实际地形计算实际土石方工程量。

1.6 本分册镇墩设计图适用于一般地形地质条件，对于特殊不利的地形地质条件应进行专门设计。

1.7 高效节水灌溉工程均需进行管网水力学计算，合理选择管径。对较高水头的管网应计算管内水锤压力，并合理设置减（排）气阀，以确保管网安全运行。

1.8 高效节水灌溉工程宜优先采用聚乙烯（PE）管材和配件。

2 《图集》主要引用的法律法规及规程规范

2.1 《图集》主要引用的法律法规

《中华人民共和国水法》

《中华人民共和国安全生产法》

《中华人民共和国环境保护法》

《中华人民共和国节约能源法》

《中华人民共和国消防法》

《中华人民共和国水土保持法》

《农田水利条例》（中华人民共和国国务院令第669号）

注：《图集》引用的法律法规，未注明日期的，其最新版本适用于《图集》。

2.2 《图集》主要引用的规程规范

SL 56—2013 农村水利技术术语

GB 50288—2018 灌溉与排水工程设计标准

GB/T 50509—2009 灌区规划规范

GB/T 50363—2018 节水灌溉工程技术规范

GB/T 20203—2017 管道输水灌溉工程技术规范

GB/T 50085—2007 喷灌工程技术规范

GB/T 50485—2020 微灌工程技术规范

SL 236—1999 喷灌与微灌工程技术管理规程

DB43/T 876.1—2014 高标准农田建设第 1 部分：总则

SL 556—2011 节水灌溉工程规划设计通用图形符号标准

SL/T 4—2020 农田排水工程技术规范

GB/T 50600—2020 渠道防渗工程技术规范

SL 191—2008 水工混凝土结构设计规范

GB 50010—2010（2015 版） 混凝土结构设计规范

GB 50003—2011 砌体结构设计规范

GB 50203—2011 砌体结构工程施工质量验收规范

SL 303—2017 水利水电工程施工组织设计规范

SL 73.1—2013 水利水电工程制图标准基础制图

GB/T 18229—2000 CAD 工程制图规则

注：《图集》引用的规程规范，凡是注日期的，仅所注日期的版本适用于《图集》；凡是未注日期的，其最新版本（包括所有的修改单）适用于《图集》。

3 术语和定义

3.1 综合术语

3.1.1 节水灌溉

根据作物需水规律和当地供水条件，高效利用降水和灌溉水，以取得农业最佳经济效益、社会效益和生态环境效益等的综合措施。

3.1.2 高效节水灌溉

高效节水灌溉是对除渠道输水和地表漫灌之外所有输、灌水方式的统称。通常指管网灌溉供水方式。

3.1.3 管灌

是以管道代替明渠的一种输水工程措施，在较低的水头压力下，通过管道将灌溉水输送到田间。

3.1.4 喷灌

喷洒灌溉的简称。借助水泵或利用自然水源的落差通过管道系统，把具有一定压力的水喷到空中，散成小水滴或形成迷雾降落到植物上和地面上的灌溉方式。

3.1.5 微灌

微灌是按照作物用水需求，通过管道系统与安装在末级管道上的灌水器，以较小的水压和流量将水和作物生长所需的养分，均匀、准确地直接输送到作物根部附近土壤的一种灌水方法。主要包括滴灌、微喷灌和小管出流。

3.1.6 滴灌

利用专门灌溉设备，以水滴浸润土壤表面和作物根区的灌水方法。

3.1.7 微喷灌

利用专门灌溉设备将有压水送到灌溉地段，并以微小水量喷洒灌溉的方法。

3.1.8 小管出流

利用稳流器稳流和小管分散水流，以小股水流灌溉到土壤表面的一种灌溉方法。

3.1.9 自压输水系统（自压引水式管道灌溉系统）

利用地形自然落差水头提供管系统运行所需工作压力，通常该系统水源有水库、山塘、河坝、泉井、引调提水泵站、渠系及渠系建筑物等。

3.1.10 加压输水系统（提水式管道灌溉系统）

现有水源水压不能满足自压输水，利用水泵加压或将水输送到所需的高度进行灌溉。可分为直接加压输水或构建高位水池加压输水。

3.1.11 灌溉管道系统

通过各级管道从水源把灌溉水送往田间的管道网络。主要包括干、支管道及控制设施设备等。

3.2 配套设施设备及其他

3.2.1 沉沙池

通过降低水流流速来沉降分离水中泥沙的池子。

3.2.2 过滤池

滤去水中污物、藻类及较大颗粒固体物质的设施（池子）。

3.2.3 阀门

管道上分（放）水、进（排）气控制装置。

3.2.4 闸阀井

闸阀井是为保护管道闸阀而设置的一个井（坑）。主要用于定期检查、清洁和疏通管道等。

3.2.5 调压池

用于调节管道压力，为了确保管道系统的工作压力稳定且不超过管道最大设计工作压力的一种设施（池子）。

3.2.6 镇墩

设置在管道水平转角、坡度急剧变化或分水部位处，防止管线摆动的建筑物。

3.2.7 界桩（警示桩）

地界标志桩。主要用于标示管道埋设位置及管线走向。

3.2.8 逆止阀

控制管道水体单向流动的阀门。

3.2.9 排气阀

用于管道充水排气的阀门，一般安装在管线驼峰或最高处。

3.2.10 泄水阀

安装在管线末端或最低处用于泄水检修、管道冲洗和安全保护的阀门。

3.2.11 给水栓

和水龙头相似，用于控制管道向田间放水的阀门。

4 一般要求

4.1 为降低工程运行成本，灌溉水源宜优先选择在具有一定压力水头，可进行自压灌溉的水库、山塘、河坝或渠道取水。

4.2 管道灌溉布置总体原则

4.2.1 力求管道总长最短，控制面积最大，管线平缓，少转弯，少起伏。

4.2.2 需与排水、道路、林带、供电等结合布置，统筹考虑，合理布局。

4.2.3 在三通、弯头、坡度急变处须设镇墩以承受管中由于水流方向急变产生的推力。

4.2.4 在管道轴线起伏段的高处和向下弯处应设进（排）气阀。在管道起伏段低处和管道系统最低处需设泄水阀，用于放空管道及冲（排）沙。

4.2.5 干、支管进口处应设控制阀，控制阀采用双法兰楔式闸阀，在控制阀处设闸阀井，根据实际情况闸阀井可采用砖砌结构或现浇混凝土结构，也可采用混凝土预制装配式闸阀井。

4.2.6 低压管道灌溉中，末级固定管道的走向宜与田块分布和作物种植方向一致，管道间距一般 50 ~ 100m。可依据田块分布适当调整。

4.2.7 低压管道灌溉的给水栓原则上应按灌溉面积均衡布置，间距宜为 30 ~ 100m。单个给水栓控制灌溉面积 3 ~ 8 亩，应依田块分布确定给水栓位置及数量。格田区宜取上限值，非格田区视田块实际形状确定，可取下限值。

4.3 管道安装要求

4.3.1 管材、管件须有出厂合格证及生产日期，管道安装前应对管材、管件进行外观检查，剔除不合格材料。

4.3.2 管道安装宜选择从首部到尾部，先干管后支管的顺序。承插口管材大头承插口应布置在上游，由管道上游至下游依顺序施工。

4.3.3 管道中心线宜尽量平直。管道与基础之间应铺设砂垫层。

4.3.4 管道穿越铁路、公路或其他建筑物时，应加套管或建涵洞等加以保护，并布置警示桩。

4.3.5 安装带有法兰的阀门和管件时，法兰应保持同轴、平行，保证螺栓自由穿行入内，不得用强紧螺栓的方法消除歪斜。

4.3.6 管道系统上的附属建筑物，须按设计要求施工，确保地基坚实，必要时应夯实或铺设垫层。给水管（给水栓出地竖管）底部和顶部须固定。

4.3.7 管道安装须全程检查质量。分期安装或因故中断须用堵头将敞口封闭，不得使杂物进入管内。

4.3.8 管道安装完成，须先放水冲洗管道，再试压，确保管道无杂物、不漏水，保证正常运行。

4.4 技术标准

4.4.1 本分册图纸设计深度应满足管道灌溉工程施工要求。

4.4.2 本分册尺寸单位除特殊注明外均以 mm 计，高程以 m 计。

4.4.3 设备选型

本分册使用材料和设备质量须符合当前适行的国标、行标及强制性条文要求。

4.4.4 井盖

一般采用高标号钢筋混凝土预制井盖或高强复合材料加筋预制井盖，应选用专业厂家定制符合工程质量要求的产品。

4.4.5 界桩、警示桩（牌）说明

界桩主要用于标示管线走向，重要路口、桥涵等关键节点应布置界桩，界桩间距按满足通视要求布置。警示桩（牌）主要用于安全警示。

4.4.6 施工注意事项

1. 混凝土构件表面须平整光滑、一体成型、无修补面、无蜂窝麻面，制作尺寸误差 ±5mm。

2. 管道与井壁的间隙应采用柔性材料充填止水。

3. 所有外露铁件如爬梯等须先除锈，再涂防锈漆二道。

4. 砖砌体须表面平整砂浆饱满，砖缝均匀。

5. 各类井施工验收合格后，在其周围回填土方，要求回填对称均匀，分层夯实，确保压实度不小于 0.95。

6. 地下水水位较高处或雨季施工时，须做好排水措施，防止基坑积水或边坡垮塌。

7. 井室位于野外或农田等非铺装地面时，井口高度应高出地面 100～200mm，以防地面水流灌入井内。

8. 各类阀门、水表其下设支墩应依据埋管深度、安装位置离井底板高度等选用。

9. 地面以上构筑物若需设置护栏等安全设施的，须按国家有关行业规定执行。

4.4.7 其他事项

1. 高效节水灌溉工程须由有资质的相关专业技术人员现场指导施工。

2. 施工及运行期须加强安全防护，确保人员及工程安全。

3. 管道、管材、设备以及预制件均应采用具备相应资质厂家生产的合格产品。

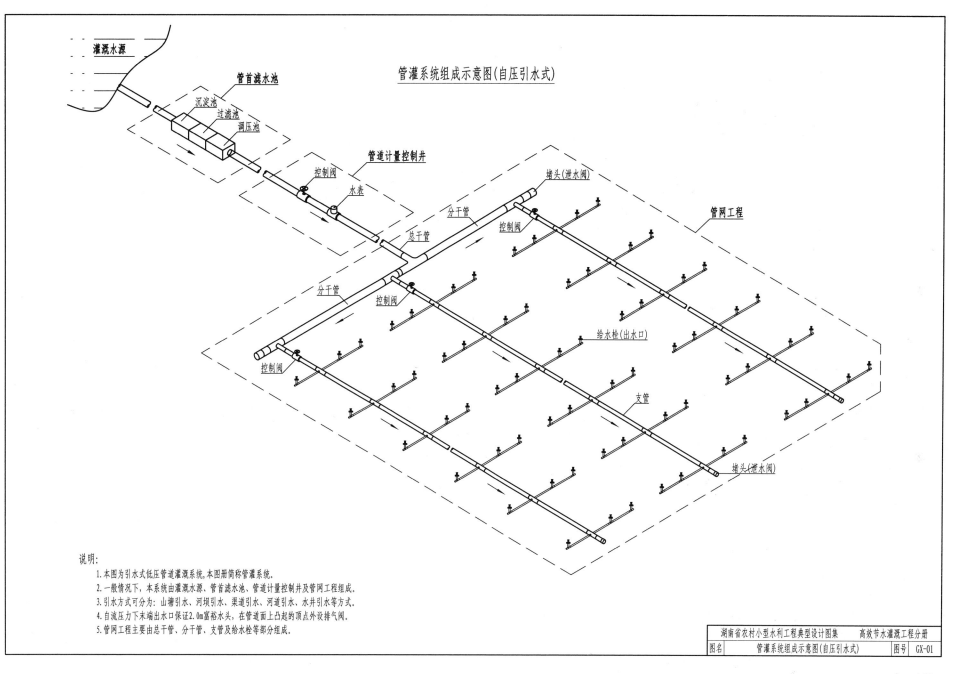

管灌系统组成示意图(自压引水式)

灌溉水源

管首滤水池
沉淀池
过滤池
调压池

管道计量控制井
控制阀
水表

堵头(泄水阀)

分干管
控制阀

管网工程

分干管
控制阀

给水栓(出水口)

支管

控制阀

堵头(泄水阀)

总干管

说明:
1. 本图为引水式低压管道灌溉系统,本图册简称管灌系统。
2. 一般情况下,本系统由灌溉水源、管首滤水池、管道计量控制井及管网工程组成。
3. 引水方式可分为: 山塘引水、河坝引水、渠道引水、河道引水、水井引水等方式。
4. 自流压力下末端出水口保证2.0m富裕水头,在管道面上凸起的顶点外设排气阀。
5. 管网工程主要由总干管、分干管、支管及给水栓等部分组成。

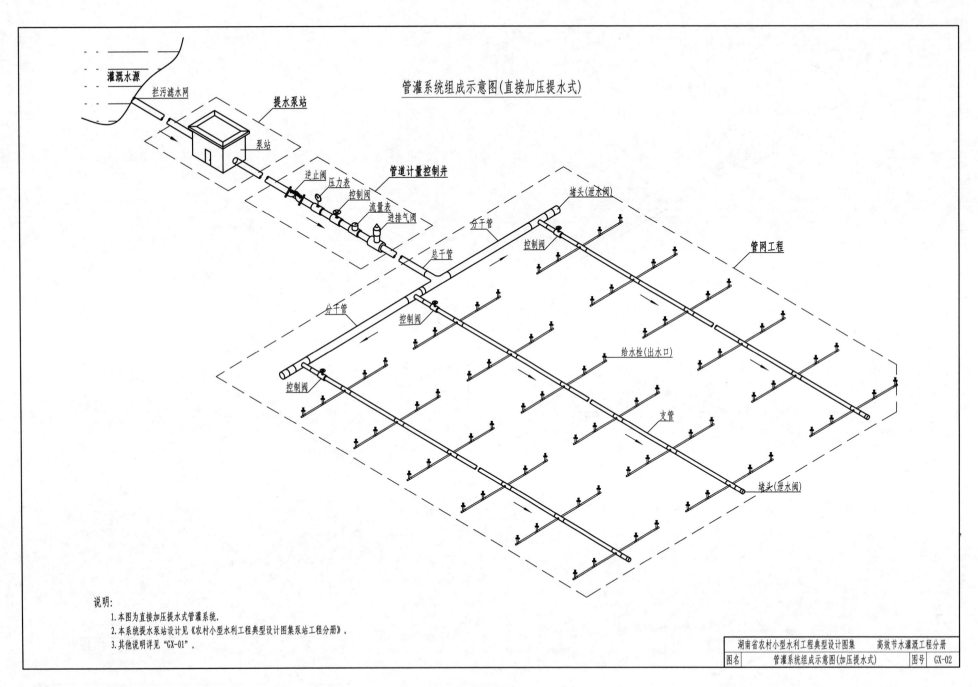

管灌系统组成示意图(直接加压提水式)

灌溉水源

拦污滤水网

提水泵站

泵站

管道计量控制井

逆止阀

压力表

控制阀

流量表

进排气阀

分干管

堵头(泄水阀)

控制阀

管网工程

总干管

分干管

控制阀

给水栓(出水口)

控制阀

支管

堵头(泄水阀)

说明:
1.本图为直接加压提水式管灌系统。
2.本系统提水泵站设计见《农村小型水利工程典型设计图集泵站工程分册》。
3.其他说明详见"GX-01"。

湖南省农村小型水利工程典型设计图集　　高效节水灌溉工程分册

图名	管灌系统组成示意图(加压提水式)	图号	GX-02

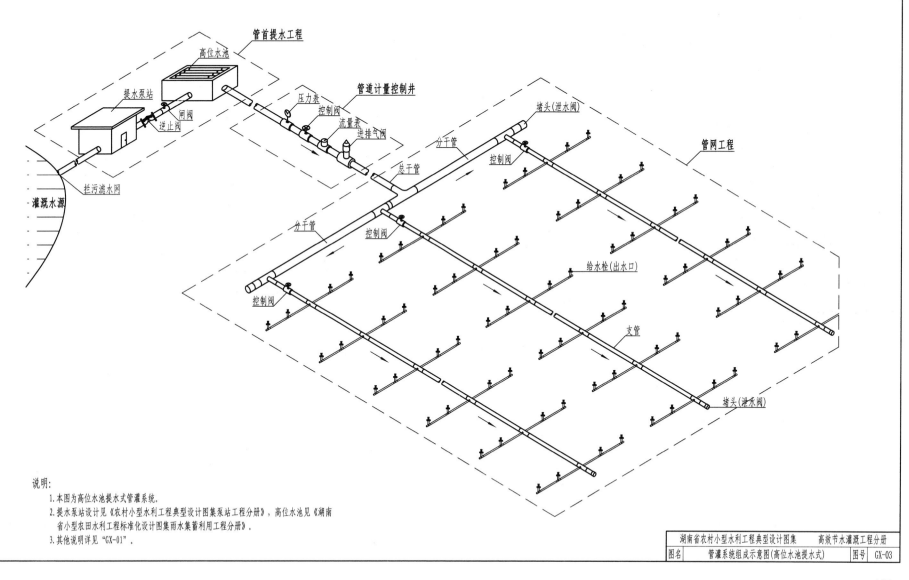

管灌系统组成示意图(高位水池提水式)

说明:
1. 本图为高位水池提水式管灌系统.
2. 提水泵站设计见《农村小型水利工程典型设计图集泵站工程分册》,高位水池见《湖南省小型农田水利工程标准化设计图集雨水集蓄利用工程分册》.
3. 其他说明详见"GX-01".

树枝状管网布置示意图

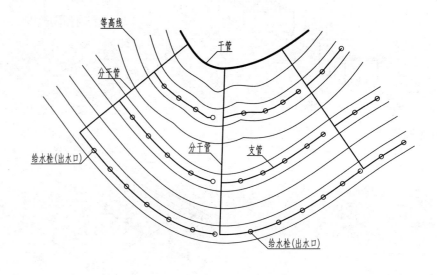

辐射树枝状布置示意图

说明:
1. 本图为管灌系统管网布置示意图,本示意图共3页。
2. 渠灌区管灌系统主要采用树枝状管网,影响其具体布置的因素有:水源位置及其与管灌区的相对位置,控制范围和面积大
   小及其形状,作物种植方式、耕作方向和地形特点。
3. 山丘灌区干管平行于等高线布置,但要注意,既要使管线布置顺直,少弯折,也要考虑尽量减少土方量,减轻管线挖填强
   度;同时因地形起伏,故布置支管以辐射状由干管给水栓分出,并沿山脊线垂直等高线走向。支管上布置给水栓(出水口),
   其平行等高线双向配水或灌水浇地。

	湖南省农村小型水利工程典型设计图集　高效节水灌溉工程分册	
图名	管灌系统管网布置示意图(1/3)	图号 GX-04

河网提水灌区管网布置示意图(梳齿式)   河网提水灌区管网布置示意图(鱼骨式)

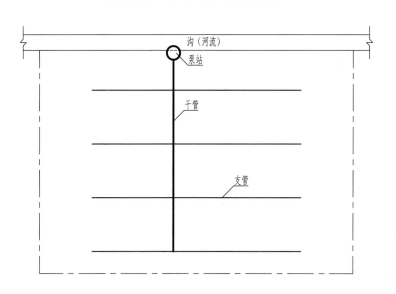

说明:
　1.河网提水灌区管灌系统的泵站大多位于河、沟、渠的一边,主要有以下两种布置形式。
　　(1)梳齿式。干管沿河(沟)岸布置,支管垂直于干管排列,形成二级管网。
　　(2)鱼骨式。干管垂直河(沟)岸,支管垂直于干管,沿河沟方向布置。
　2.其他说明见详见"GX-04"。

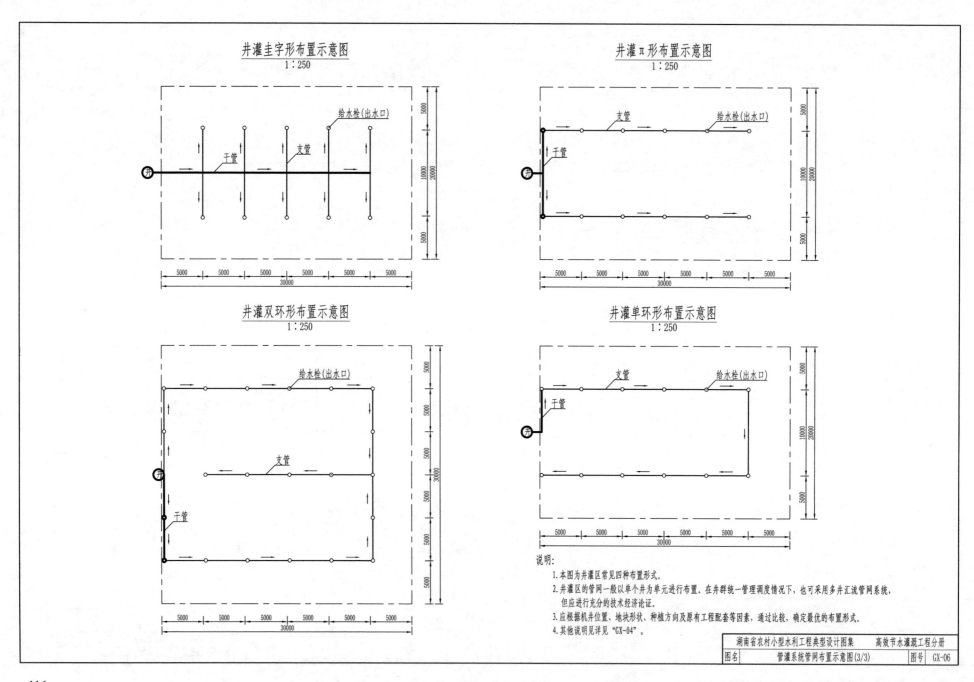

井灌圭字形布置示意图
1：250

给水栓(出水口)

干管

支管

井

5000
10000
20000
5000

5000 5000 5000 5000 5000 5000
30000

井灌Π形布置示意图
1：250

支管

给水栓(出水口)

干管

井

5000
10000
20000
5000

5000 5000 5000 5000 5000 5000
30000

井灌双环形布置示意图
1：250

给水栓(出水口)

支管

干管

井

5000
5000
30000
5000
5000

5000 5000 5000 5000 5000 5000
30000

井灌单环形布置示意图
1：250

支管

给水栓(出水口)

干管

井

5000
10000
20000
5000

5000 5000 5000 5000 5000 5000
30000

说明:
1.本图为井灌区常见四种布置形式。
2.井灌区的管网一般以单个井为单元进行布置。在井群统一管理调度情况下，也可采用多井汇流管网系统，
　但应进行充分的技术经济论证。
3.应根据机井位置、地块形状、种植方向及原有工程配套等因素，通过比较，确定最优的布置形式。
4.其他说明见详见"GX-04"。

湖南省农村小型水利工程典型设计图集	高效节水灌溉工程分册	
图名	管灌系统管网布置示意图(3/3)	图号 GX-06

渠道(塘、库)自压引水式管首滤水池平面设计图
1:20

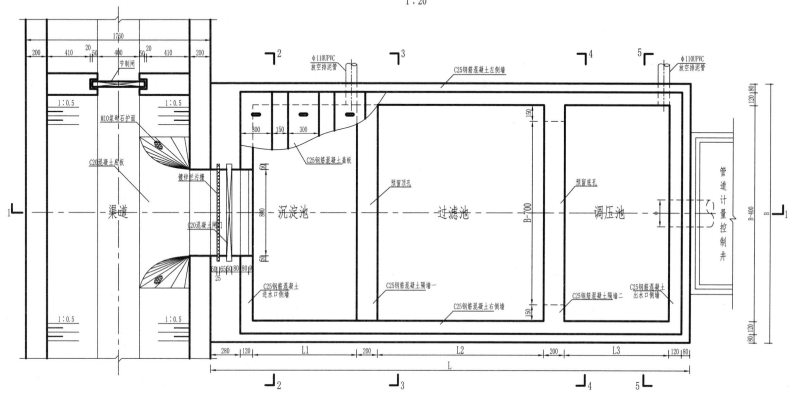

管首滤水池参数表

型号	管首滤水池(m)			沉淀池(m)	过滤池(m)	调压池(m)	适用面积(亩)
	L	B	H	L1	L2	L3	
I型	3.6	1.5	1.5	0.8	1.0	0.8	≤500
II型	4.2	2.0	1.5	1.0	1.2	1.0	500~1000
III型	4.6	2.4	1.8	1.0	1.6	1.0	1000~3000
IV型	6.0	3.0	2.2	1.5	2.0	1.5	3000~5000

说明:
1.本图单位以mm计;
2.管道输水灌溉系统首部枢纽由沉淀池、过滤池、调压池等3部分组成,为无压池。
3.C20混凝土闸门根据实际情况确定启闭方式为手提式或螺杆式。
4.镀锌拦污栅采用φ12镀锌钢筋,横、竖向间距5cm焊接。
5.本图取水水源以渠道为例,其他水源亦可经坝下涵或渠道引水后接首部枢纽。
6.本图盖板细部结构见"GX-54"。
7.本图适用于均质地基,地基承载力≥150kPa。

湖南省农村小型水利工程典型设计图集　　高效节水灌溉工程分册

图名	渠道(塘、库)自压引水式管首滤水池平面设计图	图号	GX-07

1—1剖视图
1:20

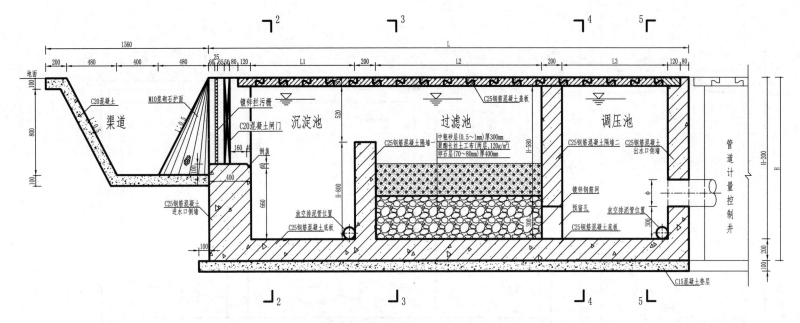

主要工程量及材料用量表

型号	土方开挖 (m³)	土方回填 (m³)	C15垫层 (m³)	C25混凝土 (m³)	M10浆砌石	中粗砂 (m³)	卵石 (m³)	钢筋制安 (t)
I 型	13.2	4.0	0.6	4.0	0.4	0.9	0.7	0.37
II 型	20.1	6.0	0.9	6.2	0.4	1.1	0.8	0.54
III 型	29.4	8.8	1.2	8.7	0.4	1.3	1.0	0.70
IV 型	56.9	17.1	2.0	14.9	0.4	1.7	1.2	1.21

管首滤水池参数表

型号	管首滤水池(m)			沉淀池(m)	过滤池(m)	调压池(m)	适用面积(亩)
	L	B	H	L1	L2	L3	
I 型	3.6	1.5	1.5	0.8	1.0	0.8	≤500
II 型	4.2	2.0	1.5	1.0	1.2	1.0	500~1000
III 型	4.6	2.4	1.8	1.0	1.6	1.0	1000~3000
IV 型	6.0	3.0	2.2	1.5	2.0	1.5	3000~5000

说明:
1. 本图单位以mm计。
2. 镀锌钢筋网采用φ6镀锌钢筋,横、竖向间距6cm焊接。
3. 镀锌拦污栅采用φ12镀锌钢筋,横、竖向间距5cm焊接。
4. 沉淀池、过滤池、调压池应及时清淤。
5. 土方工程量的计算以平地开挖为例。
6. 其他说明见"GX-07"。

湖南省农村小型水利工程典型设计图集	高效节水灌溉工程分册
图名 渠道(塘、库)自压引水式管首滤水池剖面图(1/2)	图号 GX-08

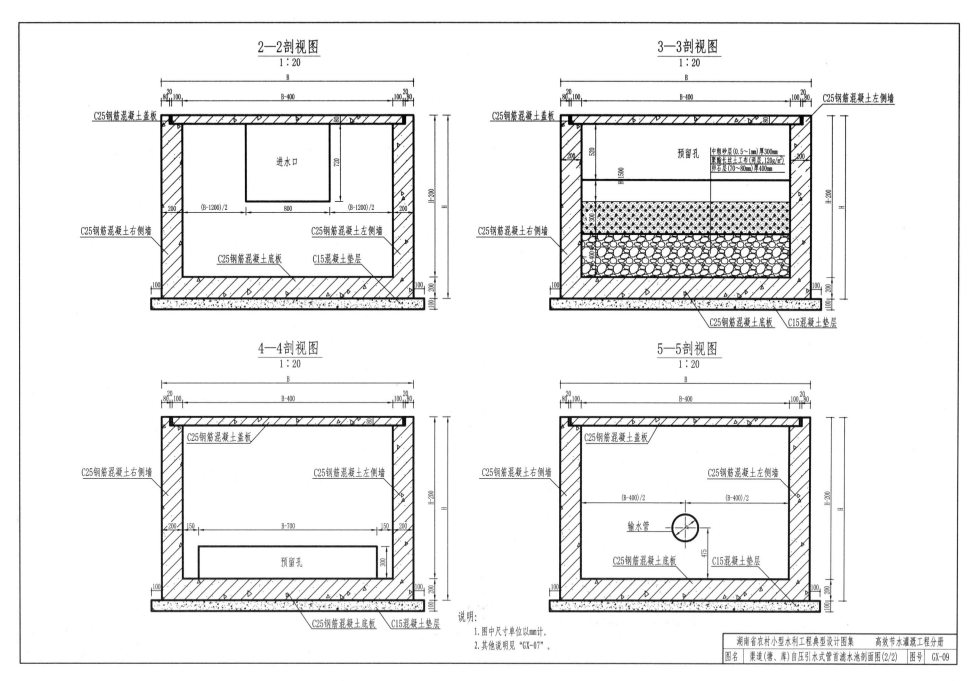

2—2剖视图
1:20

C25钢筋混凝土盖板

进水口

C25钢筋混凝土右侧墙

C25钢筋混凝土左侧墙

C25钢筋混凝土底板　C15混凝土垫层

B-400

(B-1200)/2　800　(B-1200)/2

3—3剖视图
1:20

C25钢筋混凝土盖板

C25钢筋混凝土左侧墙

预留孔　中粗砂层(0.5~1mm)厚300mm
聚酯长丝土工布(两层，120g/m²)
卵石层(70~80mm)厚400mm

C25钢筋混凝土右侧墙

C25钢筋混凝土底板　C15混凝土垫层

B-400

4—4剖视图
1:20

C25钢筋混凝土盖板

C25钢筋混凝土右侧墙

C25钢筋混凝土左侧墙

预留孔

C25钢筋混凝土底板　C15混凝土垫层

B-400

150　B-700　150　200

5—5剖视图
1:20

C25钢筋混凝土盖板

C25钢筋混凝土右侧墙

C25钢筋混凝土左侧墙

(B-400)/2　(B-400)/2

输水管

C25钢筋混凝土底板　C15混凝土垫层

B-400

说明：
1.图中尺寸单位以mm计。
2.其他说明见"GX-07"。

湖南省农村小型水利工程典型设计图集　高效节水灌溉工程分册

| 图名 | 渠道(塘、库)自压引水式管首滤水池剖面图(2/2) | 图号 | GX-09 |

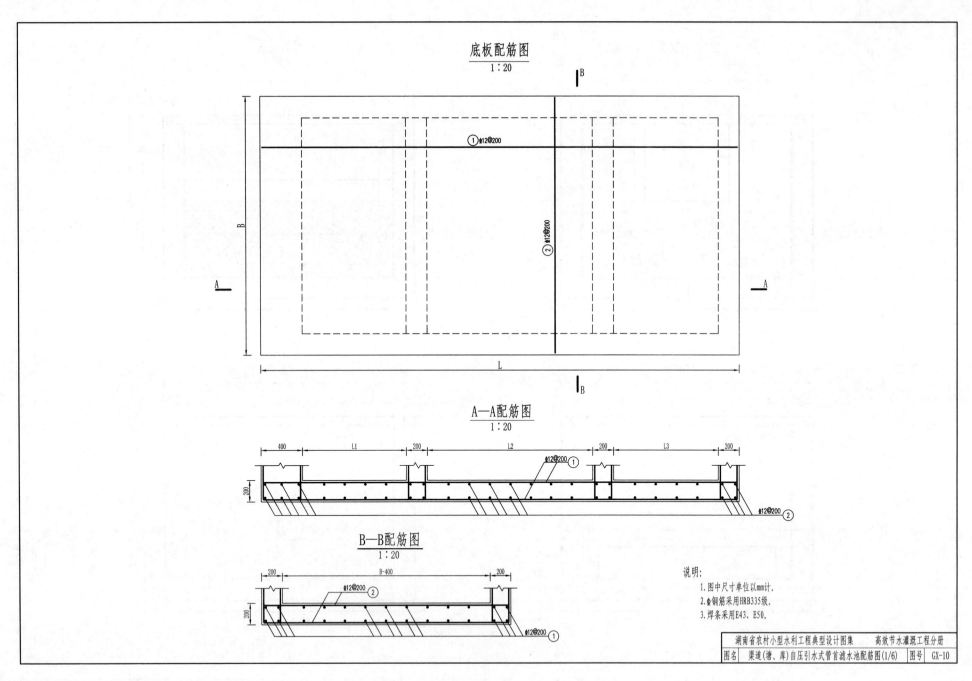

底板配筋图
1:20

A—A配筋图
1:20

B—B配筋图
1:20

说明:
1.图中尺寸单位以mm计。
2.Φ钢筋采用HRB335级。
3.焊条采用E43、E50。

湖南省农村小型水利工程典型设计图集　高效节水灌溉工程分册

| 图名 | 渠道(塘、库)自压引水式管首滤水池配筋图(1/6) | 图号 | GX-10 |

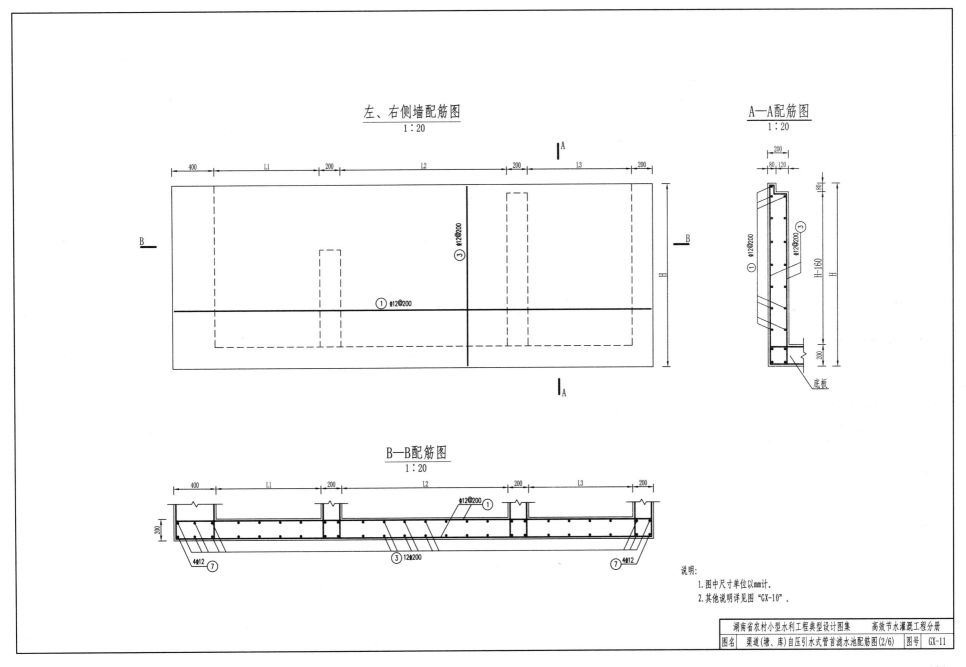

左、右侧墙配筋图
1:20

A—A配筋图
1:20

B—B配筋图
1:20

说明:
1. 图中尺寸单位以mm计。
2. 其他说明详见图"GX-10"。

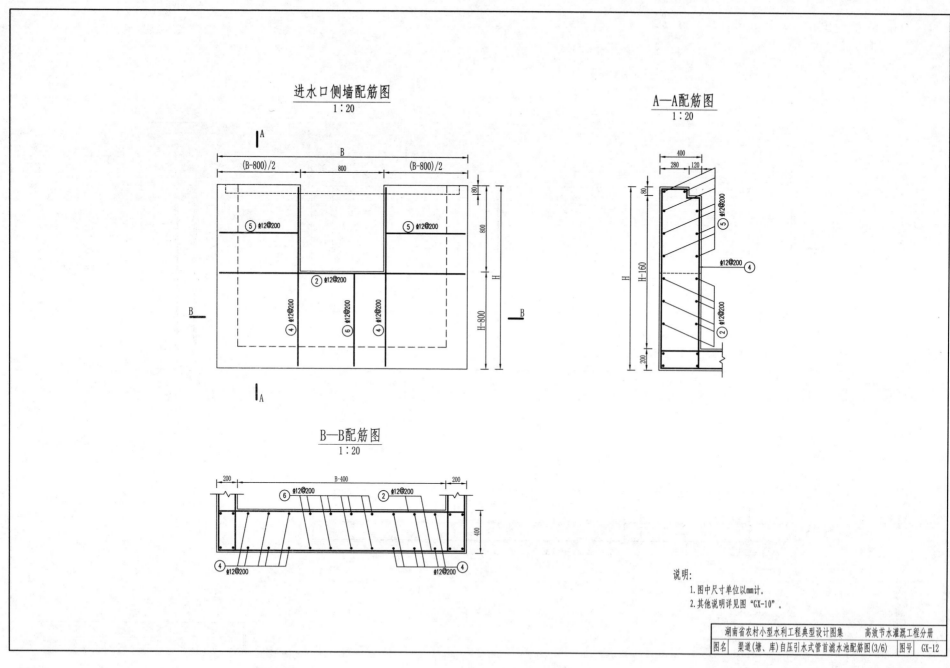

进水口侧墙配筋图
1:20

A—A配筋图
1:20

B—B配筋图
1:20

说明:
1. 图中尺寸单位以mm计。
2. 其他说明详见图"GX-10"。

湖南省农村小型水利工程典型设计图集　　高效节水灌溉工程分册

| 图名 | 渠道(塘、库)自压引水式管首滤水池配筋图(3/6) | 图号 | GX-12 |

隔墙一配筋图
1:20

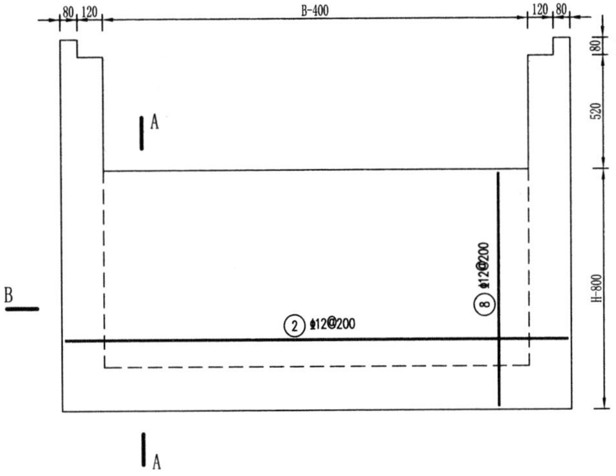

A—A配筋图
1:20

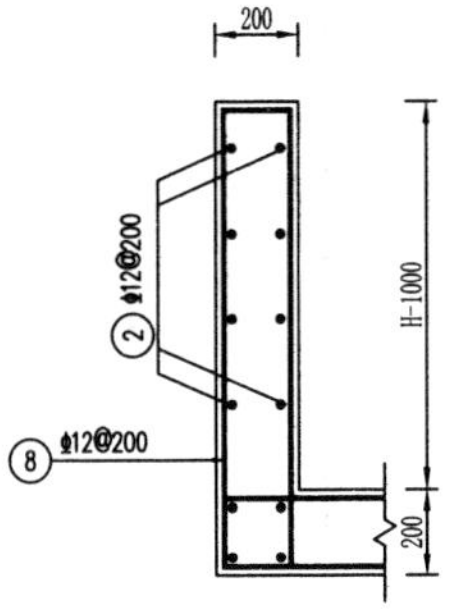

B—B配筋图
1:20

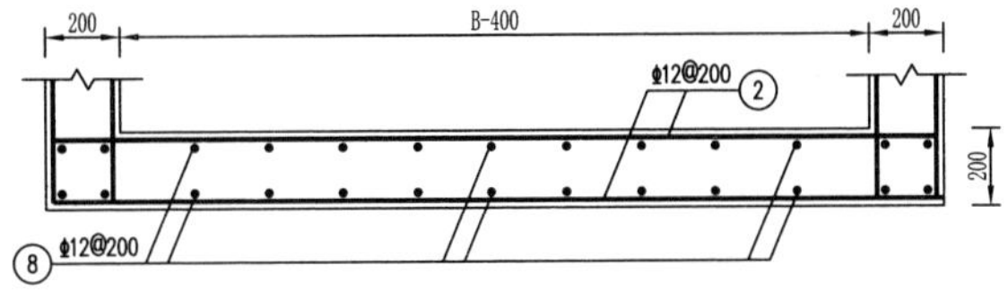

说明:
1. 图中尺寸单位以mm计。
2. 其他说明详见图"GX-10"。

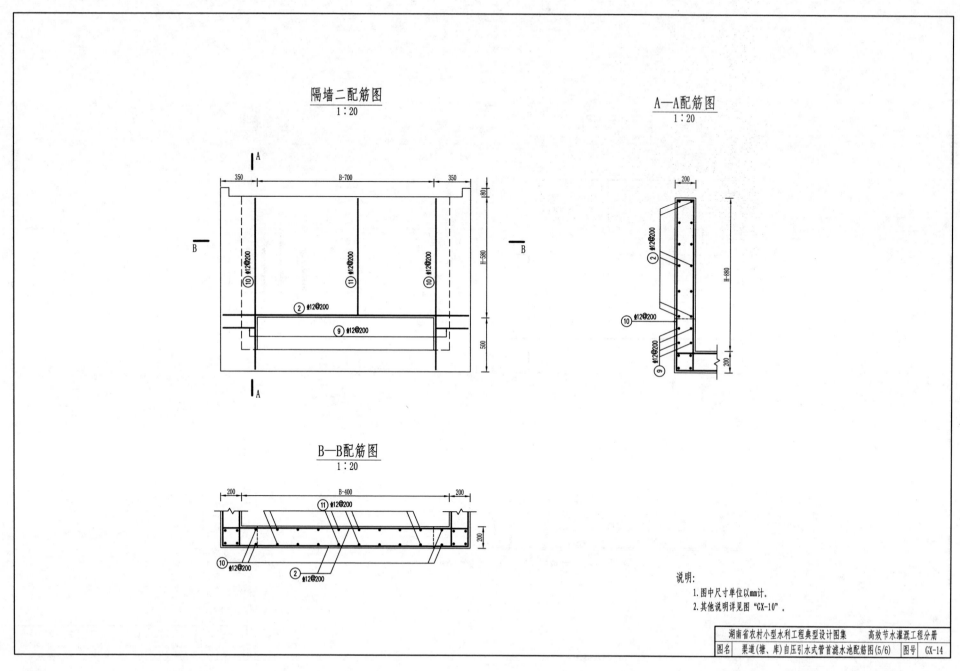

隔墙二配筋图
1:20

A—A

350 | B-700 | 350

80

⑩ ±12@200

H-580

⑪ ±12@200

⑩ ±12@200

② ±12@200

⑨ ±12@200

500

B

B

A

A—A配筋图
1:20

200

② ±12@200

H-880

⑩ ±12@200

⑨ ±12@200

± 12@200

200

B—B配筋图
1:20

200 | B-400 | 200

⑪ ±12@200

200

⑩ ±12@200

② ±12@200

说明:
1. 图中尺寸单位以mm计。
2. 其他说明详见图"GX-10"。

湖南省农村小型水利工程典型设计图集　　高效节水灌溉工程分册

| 图名 | 渠道(塘、库)自压引水式管首滤水池配筋图(5/6) | 图号 | GX-14 |

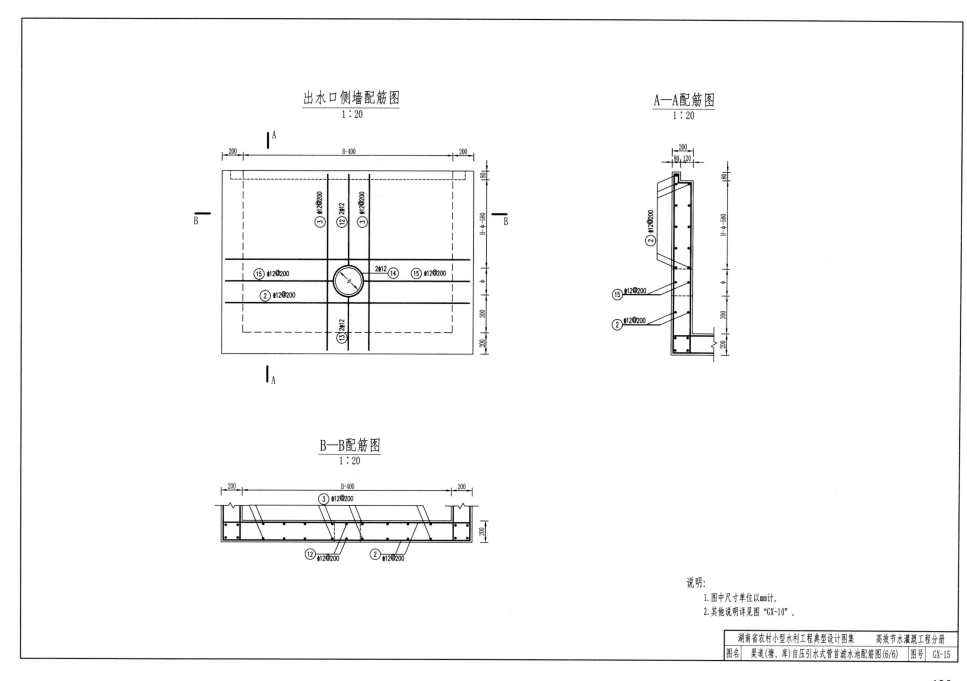

出水口侧墙配筋图
1:20

A—A配筋图
1:20

B—B配筋图
1:20

说明:
1.图中尺寸单位以mm计。
2.其他说明详见图"GX-10"。

湖南省农村小型水利工程典型设计图集　　高效节水灌溉工程分册

图名 | 渠道(塘、库)自压引水式管首滤水池配筋图(6/6) | 图号 | GX-15

125

Ⅰ型管首滤水池钢筋表

编号	直径(mm)	型式	单根长(mm)	根数	总长(m)	重量(kg)
①	Φ12	3550	3550	30	106.50	94.6
②	Φ12	1450	1450	68	98.60	87.5
③	Φ12	120／1370	1490	39	58.11	51.6
④	Φ12	30／80／1450	1560	39	60.84	54.0
⑤	Φ12	120／1370	1490	2	2.98	2.7
⑥	Φ12	230／80／1450	1760	2	3.52	3.1
⑦	Φ12	300	300	8	2.40	2.1
⑧	Φ12	350／650／650	1650	4	6.60	5.9
⑨	Φ12	1450	1450	4	5.80	5.1
⑩	Φ12	150／850／850	1850	6	11.10	9.9
⑪	Φ12	300	300	12	3.60	3.2
⑫	Φ12	150／1370／1370	2890	2	5.78	5.1
⑬	Φ12	150／870／870	1890	5	9.45	8.4
⑭	Φ12	120／570／150	840	2	1.68	1.5
⑮	Φ12	30／80／650	760	2	1.52	1.4
⑯	Φ12	150／450／450	1050	2	2.10	1.9
⑰	Φ12	○880	880	2	1.76	1.6
⑱	Φ12	525	525	4	2.10	1.9
合计	净重					341.3
	加5%损耗总重					358.4

Ⅱ型管首滤水池钢筋表

编号	直径(mm)	型式	单根长(mm)	根数	总长(m)	重量(kg)
①	Φ12	4150	4150	36	149.40	132.6
②	Φ12	1950	1950	82	159.90	142.0
③	Φ12	120／1570	1690	48	81.12	72.0
④	Φ12	30／80／1650	1760	48	84.48	75.0
⑤	Φ12	120／1570	1690	4	6.76	6.0
⑥	Φ12	230／80／1650	1960	4	7.84	7.0
⑦	Φ12	550	550	8	4.40	3.9
⑧	Φ12	350／850／850	2050	4	8.20	7.3
⑨	Φ12	1650	1650	4	6.60	5.9
⑩	Φ12	150／1050／1050	2250	8	18.00	16.0
⑪	Φ12	300	300	12	3.60	3.2
⑫	Φ12	150／1570／1570	3290	2	6.58	5.8
⑬	Φ12	150／1070／1070	2290	8	18.32	16.3
⑭	Φ12	120／770／150	1040	2	2.08	1.9
⑮	Φ12	30／80／850	960	2	1.92	1.7
⑯	Φ12	150／450／450	1050	2	2.10	1.9
⑰	Φ12	○880	880	2	1.76	1.6
⑱	Φ12	725	725	4	2.90	2.6
合计	净重					502.5
	加5%损耗总重					527.6

湖南省农村小型水利工程典型设计图集　　高效节水灌溉工程分册

图名	管首滤水池钢筋表(一)	图号	GX-16

Ⅲ型管首滤水池钢筋表

编号	直径(mm)	型 式	单根长(mm)	根数	总长(m)	重量(kg)
①	Φ12	4550	4550	40	182.00	161.6
②	Φ12	2350	2350	89	209.15	185.7
③	Φ12	1870 / 120	1990	52	103.48	91.9
④	Φ12	80 30 / 1950	2060	52	107.12	95.1
⑤	Φ12	1870 / 120	1990	6	11.84	10.6
⑥	Φ12	80 230 / 1950	2260	6	13.56	12.0
⑦	Φ12	850	850	8	6.80	6.0
⑧	Φ12	1150 / 350 / 1150	2650	4	10.60	9.4
⑨	Φ12	1950	1950	4	7.80	6.9
⑩	Φ12	1350 / 150 / 1350	2850	9	25.65	22.8
⑪	Φ12	300	300	8	3.60	3.2
⑫	Φ12	1870 / 150 / 1870	3890	2	7.78	6.9
⑬	Φ12	1370 / 150 / 1370	2890	10	28.90	25.7
⑭	Φ12	120 1070 150	1340	2	2.68	2.4
⑮	Φ12	80 30 / 1150	1260	2	2.52	2.2
⑯	Φ12	450 / 150 / 450	1050	2	2.10	1.9
⑰	Φ12	○ 880	880	2	1.76	1.6
⑱	Φ12	1025	1025	4	4.10	3.6
合计	净 重					649.5
	加5%损耗总重					681.9

Ⅳ型管首滤水池钢筋表

编号	直径(mm)	型 式	单根长(mm)	根数	总长(m)	重量(kg)
①	Φ12	5950	5950	54	321.30	285.3
②	Φ12	2950	2950	132	389.40	345.7
③	Φ12	2370 / 120	2490	70	174.30	154.8
④	Φ12	80 30 / 2450	2560	70	179.20	159.0
⑤	Φ12	2370 / 120	2490	10	24.90	22.1
⑥	Φ12	80 230 / 2450	2760	10	27.60	24.5
⑦	Φ12	1050	1050	8	8.40	7.5
⑧	Φ12	1650 / 350 / 1650	3650	4	14.60	13.0
⑨	Φ12	2450	2450	4	9.80	8.7
⑩	Φ12	1850 / 150 / 1850	3850	14	53.90	47.9
⑪	Φ12	300	300	8	3.60	3.2
⑫	Φ12	2370 / 150 / 2370	4890	2	9.78	8.7
⑬	Φ12	1870 / 150 / 1870	3890	13	50.57	44.9
⑭	Φ12	120 1570 150	1840	2	3.68	3.3
⑮	Φ12	80 30 / 1650	1760	2	3.52	3.1
⑯	Φ12	450 / 150 / 450	1050	2	2.10	1.9
⑰	Φ12	○ 880	880	2	1.76	1.6
⑱	Φ12	1525	1525	4	6.10	5.4
合计	净 重					1140.4
	加5%损耗总重					1197.4

涵管引水平面图
1:50

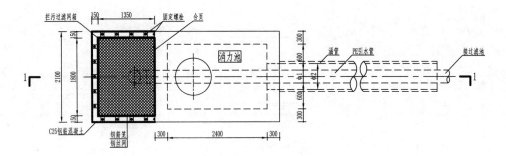

2—2剖面图
1:20

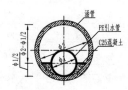

1—1剖视图
1:50

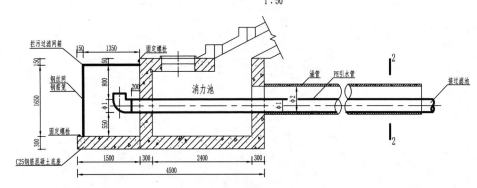

拦污过滤网箱详图

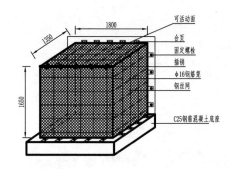

说明:
1. 本图单位以mm计。
2. 本图为涵洞取水设计图,PE管通过已有涵管深入水库,直接从水库山塘取水。
3. PE管采用现浇C25混凝土固定在涵管内。
4. 拦污过滤网箱三个侧立面通过固定螺栓分别与底座和消力池壁固定,顶面的一边通过
   合页与消力池壁铰接,另一边通过插销与侧立面连接。
5. 土方回填压实度应不小于0.91,基础承载力应不小于100kPa。

湖南省农村小型水利工程典型设计图集	高效节水灌溉工程分册	
图名	涵管引水设计图	图号 GX-18

水表井平面设计图
1:20

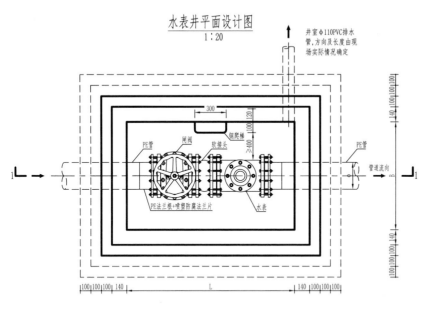

1—1剖视图
1:20

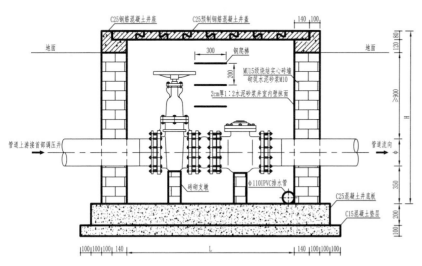

水表井特性表

闸阀井型号	管径φ(mm)	井室长L(mm)	井室宽B(mm)	井室高H(mm)	井盖板 数量(块)	井盖板 长×宽×厚(mm)	管顶覆土深度(mm)
I型	110	1000	700	1400	4	900×300×80	≥900
II型	160	1300	700	1400	5	900×300×80	≥900
	200	1300	700	1400	5	900×300×80	≥900
III型	250	1600	1000	1600	6	1200×300×80	≥900
	315	1600	1000	1600	6	1200×300×80	≥900
	355	1600	1000	1600	6	1200×300×80	≥900
IV型	400	2200	1300	1800	8	1500×300×80	≥900
	450	2200	1300	1800	8	1500×300×80	≥900
	500	2200	1300	1800	8	1500×300×80	≥900

水表井主要工程量表

闸阀井型号	管径φ(mm)	土方开挖(m³)	土方回填(m³)	M15实心砖墙(m³)	M10水泥砂浆(m²)	C25混凝土(m³)	C15混凝土垫层(m³)	钢筋制安(t)
I型	110	4.75	0.95	1.26	5.23	0.70	0.30	0.007
II型	160	5.51	1.10	1.43	5.95	0.82	0.34	0.008
	200	5.51	1.10	1.43	5.95	0.82	0.34	0.008
III型	250	8.39	1.68	2.07	8.62	1.15	0.47	0.011
	315	8.39	1.68	2.07	8.62	1.15	0.47	0.011
	355	8.39	1.68	2.07	8.62	1.15	0.47	0.011
IV型	400	13.43	2.69	3.06	12.74	1.70	0.67	0.017
	450	13.43	2.69	3.06	12.74	1.70	0.67	0.017
	500	13.43	2.69	3.06	12.74	1.70	0.67	0.017

阀门井施工注意事项

1. 混凝土构件表面须平整光滑、一体成型、无修补面、无蜂窝麻面，制作尺寸误差±5mm。
2. 管道与井壁的间隙应采用柔性材料充填止水。
3. 所有外露铁件如爬梯等须先除锈，再涂防锈漆二道。
4. 砖砌体表面须平整砂浆饱满，砖缝均匀。
5. 各类井施工验收合格后，在其周围回填土方，要求回填对称均匀，分层夯实，确保压实度不小于0.95。
6. 地下水水位较高处或雨季施工时，须做好排水措施，防止基坑积水或边坡垮塌。
7. 井室位于野外或农田等非铺装地面时，井口高度应高出地面100～200mm，以防地面水流灌入井内。
8. 各类阀门、水表其下设支墩应依据埋管深度、安装位置离井底板高度等选用。
9. 地面以上构筑物若需设置护栏等安全设施的，须按国家有关行业规定执行。

说明：

1. 图中尺寸单位以mm计。
2. 使用设备名称：分体型电磁流量计。
3. 结构形式：砖砌矩形井。
4. 水表读数均为井内操作。
5. 管顶覆土深度≥900mm。
6. 为实现自动化，可在水表井安装数据采集传输设备。
7. 土方回填压实度应不小于0.91，基础承载力应不小于100kPa。

水表井平面设计图
1:20

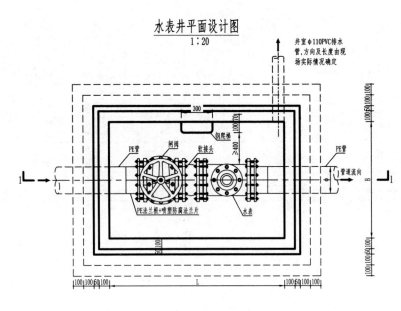

井室φ110PVC排水管,方向及长度由现场实际情况确定

PE管　闸阀　软接头　钢爬梯

PE法兰根+喷塑防腐法兰片　水表

PE管

管道流向

水表井主要工程量表

闸阀井	管径φ(mm)	井室长L(mm)	井室宽B(mm)	井室高H(mm)	井盖板 数量(块)	井盖板 长×宽×厚(mm)	土方开挖(m³)	土方回填(m³)	C25混凝土(m³)	C15混凝土垫层(m³)	钢筋制安(t)
I型	110	1000	700	1400	4	900×300×80	3.8	0.8	1.2	0.24	0.13
II型	160	1300	700	1400	5	900×300×80	4.5	0.9	1.4	0.28	0.15
II型	200	1300	700	1400	5	900×300×80	4.5	0.9	1.4	0.28	0.15
III型	250	1600	1000	1600	6	1200×300×80	7.0	1.4	2.1	0.39	0.22
III型	315	1600	1000	1600	6	1200×300×80	7.0	1.4	2.1	0.39	0.22
III型	355	1600	1000	1600	6	1200×300×80	7.0	1.4	2.1	0.39	0.22
IV型	400	2200	1300	1800	8	1500×300×80	11.6	2.3	3.2	0.58	0.31
IV型	450	2200	1300	1800	8	1500×300×80	11.6	2.3	3.2	0.58	0.35
IV型	500	2200	1300	1800	8	1500×300×80	11.6	2.3	3.2	0.58	0.35

1—1剖视图
1:20

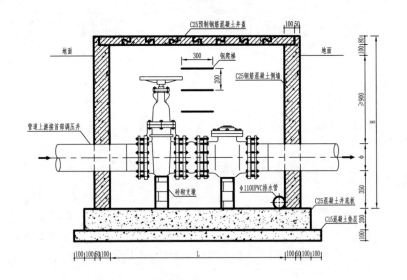

C25预制钢筋混凝土井盖

地面　　地面

钢爬梯

C25钢筋混凝土侧墙

管道上游接首部调压井

砖砌支墩　φ110UPVC排水管

C25混凝土井底板

C15混凝土垫层

说明:
1. 图中尺寸单位以mm计。
2. 使用设备名称:分体型电磁流量计。
3. 结构形式:钢筋混凝土矩形井。
4. 水表读数均为井内操作。
5. 管顶覆土深度≥900mm。
6. 土方回填压实度应不小于0.91,基础承载力应不小于100kPa。
7. 阀门井施工注意事项详见图GX-19。

湖南省农村小型水利工程典型设计图集	高效节水灌溉工程分册
图名　水表井结构图(钢混式)	图号 GX-20

水表井配筋图
1:20

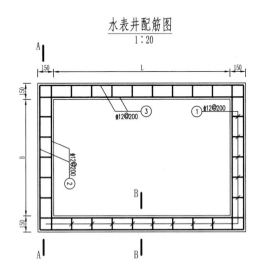

A—A配筋图
1:20

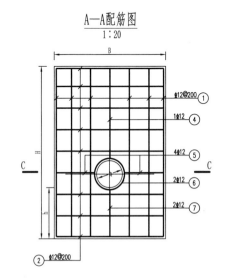

B—B配筋图
1:20

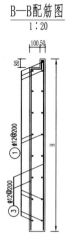

C—C配筋图
1:20

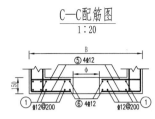

说明:
1. 图中尺寸单位以mm计。
2. φ钢筋采用HRB335级。
3. 焊条采用E43、E50。
4. 阀门井施工注意事项详见图GX-19。

湖南省农村小型水利工程典型设计图集	高效节水灌溉工程分册	
图名	水表井配筋图(钢混式)	图号 GX-21

Ⅰ型水表井钢筋表

编号	直径(mm)	型式	单根长(mm)	根数	总长(m)	重量(kg)
①	Φ12	1370 / 20	1390	16	22.24	19.7
②	Φ12	80 100 1290	1470	16	23.52	20.9
③	Φ12	970	970	30	29.10	35.2
④	Φ12	1270	1270	30	38.10	46.0
⑤	Φ12	910 / 20	930	2	1.86	1.7
⑥	Φ12	80 100 730	910	2	1.82	1.6
⑦	Φ12	415	415	8	3.32	2.0
⑧	Φ12	480	480	4	1.92	1.2
⑨	Φ12	320	320	4	1.28	0.8
合计	净 重					129.1
	加5%损耗总重					135.6

Ⅱ型水表井钢筋表

编号	直径(mm)	型式	单根长(mm)	根数	总长(m)	重量(kg)
①	Φ12	1370 / 20	1390	18	25.02	22.2
②	Φ12	80 100 1290	1470	18	26.46	23.5
③	Φ12	970	970	30	29.10	35.2
④	Φ12	1570	1570	30	47.10	56.9
⑤	Φ12	910 / 20	930	2	1.86	1.7
⑥	Φ12	80 100 730	910	2	1.82	1.6
⑦	Φ12	370	370	8	2.96	1.8
⑧	Φ12	760	760	4	3.04	1.9
⑨	Φ12	320	320	4	1.28	0.8
合计	净 重					145.5
	加5%损耗总重					152.8

Ⅲ型水表井钢筋表

编号	直径(mm)	型式	单根长(mm)	根数	总长(m)	重量(kg)
①	Φ12	1570 / 20	1590	26	31.34	36.7
②	Φ12	80 100 1490	1670	26	43.42	28.6
③	Φ12	1270	1270	34	43.18	52.2
④	Φ12	1870	1870	34	63.58	76.8
⑤	Φ12	970 / 20	990	2	1.98	1.8
⑥	Φ12	80 100 890	1070	2	2.14	1.9
⑦	Φ12	495	495	8	3.96	3.5
⑧	Φ12	920	920	4	3.68	3.3
⑨	Φ12	320	320	4	1.28	0.8
合计	净 重					211.4
	加5%损耗总重					222.0

Ⅳ型水表井钢筋表

编号	直径(mm)	型式	单根长(mm)	根数	总长(m)	重量(kg)
①	Φ12	1770 / 20	1790	42	75.18	66.8
②	Φ12	80 100 1690	1870	42	78.54	69.7
③	Φ12	1570	1570	38	59.66	72.1
④	Φ12	2470	2470	38	93.86	113.4
⑤	Φ12	1020 / 50	1070	4	4.28	1.6
⑥	Φ12	110 100 960	1170	4	4.68	1.8
⑦	Φ12	570	570	16	9.12	5.6
⑧	Φ12	1380	1380	4	5.52	3.4
⑨	Φ12	320	320	8	2.56	1.6
合计	净 重					145.5
	加5%损耗总重					152.8

水表井平面设计图
1:20

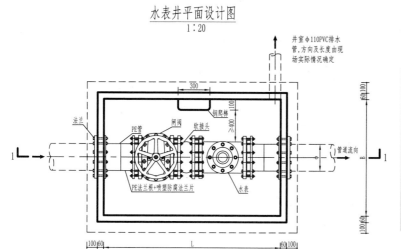

井室φ110PVC排水管,方向及长度由现场实际情况确定

法兰
PE管
闸阀
软接头
钢爬梯
PE法兰根+喷塑防腐法兰片
水表
管道流向

水表井主要工程量表

闸阀井	管径φ (mm)	井室长L (mm)	井室宽B (mm)	井室高H (mm)	井盖板数量(块)	井盖板长×宽×厚(mm)	土方开挖(m³)	土方回填(m³)	C30混凝土(m³)	C25混凝土(m³)	C15混凝土垫层(m³)	钢筋制安(t)
Ⅰ型	110	1000	700	1400	4	900×300×80	3.8	0.8	0.4	0.11	0.13	0.06
Ⅱ型	160	1300	700	1400	5	900×300×80	4.5	0.9	0.4	0.14	0.17	0.07
	200	1300	700	1400	5	900×300×80	4.5	0.9	0.4	0.14	0.17	0.07
Ⅲ型	250	1600	1000	1600	6	1200×300×80	7.0	1.4	0.7	0.24	0.25	0.10
	315	1600	1000	1600	6	1200×300×80	7.0	1.4	0.7	0.24	0.25	0.10
	355	1600	1000	1600	6	1200×300×80	7.0	1.4	0.7	0.24	0.25	0.10
Ⅳ型	400	2200	1300	1800	8	1500×300×80	11.6	2.3	1.0	0.43	0.41	0.13
	450	2200	1300	1800	8	1500×300×80	11.6	2.3	1.0	0.43	0.41	0.13
	500	2200	1300	1800	8	1500×300×80	11.6	2.3	1.0	0.43	0.41	0.13

1—1剖视图
1:20

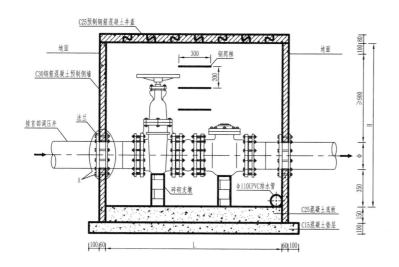

C25预制钢筋混凝土井盖
地面
钢爬梯
C30钢筋混凝土预制侧墙
接首部调压井
法兰
砖砌支墩
φ110UPVC排水管
C25混凝土底板
C15混凝土垫层

A大样图
1:20

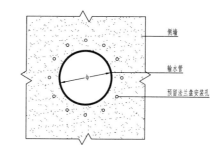

侧墙
输水管
预留法兰盘安装孔

说明:
1. 图中尺寸单位以mm计。
2. 使用设备名称:分体型电磁流量计。
3. 结构形式:装配式矩形井。
4. 水表读数均为井内操作。
5. 管顶覆土深度≥900mm。
6. 土方回填压实度应不小于0.91,基础承载力应不小于100kPa。
7. 阀门井施工注意事项详见图"GX-19"。

II型水表井钢筋表

编号	直径(mm)	型式	单根长(mm)	根数	总长(m)	重量(kg)
①	Φ12	1520	1520	19	28.88	25.6
②	Φ12	870	870	2	1.74	1.5
③	Φ12	470	470	2	0.94	0.8
④	Φ12	1390	1390	15	20.85	18.5
⑤	Φ12	670	670	13	8.71	7.7
⑥	Φ12	◯ R=115	723	2	1.45	1.3
合计		净　重				55.6
		加5%损耗总重				58.3

III型水表井钢筋表

编号	直径(mm)	型式	单根长(mm)	根数	总长(m)	重量(kg)
①	Φ12	1720	1720	25	43.00	38.2
②	Φ12	870	870	2	1.74	1.5
③	Φ12	470	470	2	0.94	0.8
④	Φ12	1690	1690	17	28.73	25.5
⑤	Φ12	930	930	15	13.95	12.4
⑥	Φ12	◯ R=193	1210	2	2.42	2.1
合计		净　重				80.6
		加5%损耗总重				84.6

IV型水表井钢筋表

编号	直径(mm)	型式	单根长(mm)	根数	总长(m)	重量(kg)
①	Φ12	1920	1920	32	61.44	54.5
②	Φ12	920	920	2	1.84	1.6
③	Φ12	470	470	2	0.94	0.8
④	Φ12	2290	2290	19	43.51	38.6
⑤	Φ12	1270	1270	17	21.59	19.2
⑥	Φ12	◯ R=265	1665	2	3.33	3.0
合计		净　重				117.8
		加5%损耗总重				123.7

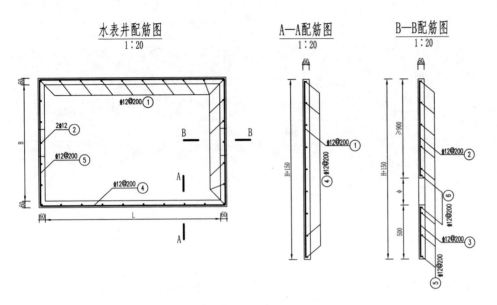

水表井配筋图 1:20　　A—A配筋图 1:20　　B—B配筋图 1:20

I型水表井钢筋表

编号	直径(mm)	型式	单根长(mm)	根数	总长(m)	重量(kg)
①	Φ12	1520	1520	16	24.32	21.6
②	Φ12	910	910	2	1.82	1.6
③	Φ12	470	470	2	0.94	0.8
④	Φ12	1090	1090	15	16.35	14.5
⑤	Φ12	670	670	13	8.71	7.7
⑥	Φ12	◯ 70	440	2	0.88	0.8
合计		净　重				47.1
		加5%损耗总重				49.4

说明:
1. 图中尺寸单位以mm计。
2. Φ钢筋采用HRB335级。
3. 焊条采用E43、E50。

湖南省农村小型水利工程典型设计图集　　高效节水灌溉工程分册

| 图名 | 水表井配筋图(装配式) | 图号 | GX-24 |

水表井设备安装示意图

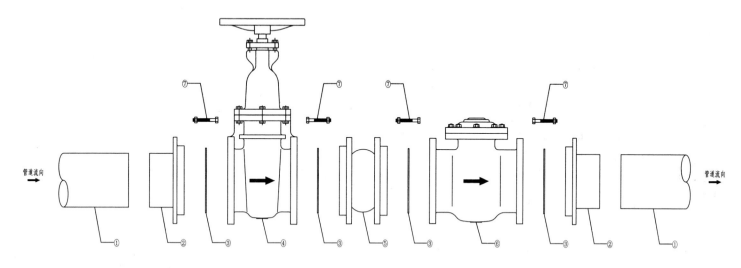

管道流向 → ... 管道流向 →

水表井管件及设备材料表

闸阀井	① 管径 φ (mm)	② PE法兰根与防腐法兰片 外径 (mm)	② 数量 (套)	③ 金属垫 通径 (mm)	③ 数量 (个)	④ 闸阀 通径 (mm)	④ 数量 (个)	⑤ 软接头 通径 (mm)	⑤ 数量 (个)	⑥ 水表 规格	⑥ 数量 (套)	⑦ 螺栓 规格	⑦ 数量 (套)
Ⅰ型	110	De110	2	DN100	4	DN100	1	DN100	1	DN100	1	M16	8
Ⅱ型	160	De160	2	DN150	4	DN150	1	DN150	1	DN150	1	M20	8
Ⅱ型	200	De200	2	DN200	4	DN200	1	DN200	1	DN200	1	M20	8
Ⅲ型	250	De250	2	DN250	4	DN250	1	DN250	1	DN250	1	M20	12
Ⅲ型	315	De315	2	DN300	4	DN300	1	DN300	1	DN300	1	M20	12
Ⅲ型	355	De355	2	DN350	4	DN350	1	DN350	1	DN350	1	M20	16
Ⅳ型	400	De400	2	DN400	4	DN400	1	DN400	1	DN400	1	M24	16
Ⅳ型	450	De450	2	DN450	4	DN450	1	DN450	1	DN450	1	M24	20
Ⅳ型	500	De500	2	DN500	4	DN500	1	DN500	1	DN500	1	M24	20

说明:

1.设备安装顺序应按照水流方向参照示意图进行安装。

2.设备配备及安装可根据实际情况及特殊要求咨询相关专业技术人员进行调整。

3.图示选用设备技术条件:

①PE管材,型号:PE80级聚乙烯管材;规格:SDR21,0.6MPa,φ110~500;

②PE法兰根与防腐法兰片,规格:φ110~500。

③金属垫,规格:DN110~500。

④暗杆弹性座封闸阀,型号:Z45X-10;规格:DN110~500。

⑤可曲绕橡胶接头,型号:KDTF1.0;规格:DN110~500。

⑥水表:分体型电磁流量计。

⑦镀锌螺栓,规格:M16、M20、M24。

闸阀井平面设计图
1:20

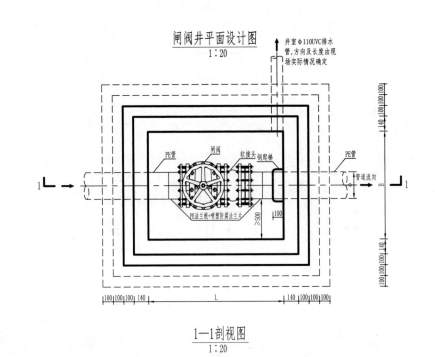

井室φ110UVC排水管,方向及长度由现场实际情况确定

PE管　闸阀　软接头　钢爬梯

PE管

管道流向

PE法兰根+喷型防腐法兰片

1—1剖视图
1:20

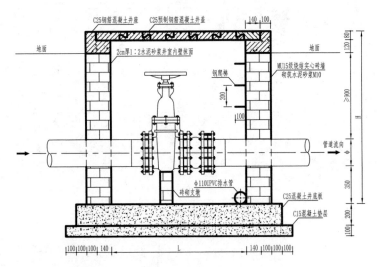

C25钢筋混凝土井座　C25预制钢筋混凝土井盖

地面　　地面

2cm厚1:2水泥砂浆井室内壁抹面

MU15级烧结实心砖墙砌筑水泥砂浆M10

钢爬梯

管道流向

φ110UPVC排水管　砖砌支墩

C25混凝土井底板

C15混凝土垫层

闸阀井特性表

闸阀井型号	管径φ (mm)	井室长L (mm)	井室宽B (mm)	井室高H (mm)	井盖板		管顶覆土深度 (mm)
					数量(块)	长×宽×厚(mm)	
I型	110	700	700	1400	3	900×300×80	≥900
II型	160	1000	700	1400	4	900×300×80	≥900
	200	1000	700	1400	4	900×300×80	≥900
III型	250	1300	1000	1600	5	1200×300×80	≥900
	315	1300	1000	1600	5	1200×300×80	≥900
	355	1300	1000	1600	5	1200×300×80	≥900
IV型	400	1300	1300	1800	5	1500×300×80	≥900
	450	1300	1300	1800	5	1500×300×80	≥900
	500	1300	1300	1800	6	1500×300×80	≥900

闸阀井主要工程量表

闸阀井型号	管径φ (mm)	土方开挖 (m³)	土方回填 (m³)	M15实心砖墙 (m³)	M10水泥砂浆 (m²)	C25混凝土 (m³)	C15混凝土垫层 (m³)	钢筋制安 (t)
I型	110	3.99	0.80	1.08	4.51	0.57	0.25	0.006
II型	160	4.75	0.95	1.26	5.23	0.70	0.30	0.007
	200	4.75	0.95	1.26	5.23	0.70	0.30	0.007
III型	250	7.38	1.48	1.87	7.78	1.00	0.41	0.010
	315	7.38	1.48	1.87	7.78	1.00	0.41	0.010
	355	7.38	1.48	1.87	7.78	1.00	0.41	0.010
IV型	400	9.50	1.90	2.37	9.86	1.17	0.48	0.012
	450	9.50	1.90	2.37	9.86	1.17	0.48	0.012
	500	9.50	1.90	2.37	9.86	1.21	0.48	0.013

说明:
1. 图中尺寸单位以mm计。
2. 使用设备名称:暗杆弹性座封闸阀;型号:Z45X-10;
   规格:DN110～500。
3. 结构形式:砖砌矩形井。
4. 闸阀启闭均为井内操作。
5. 管顶覆土深度≥900mm。
6. 土方回填压实度应不小于0.91,基础承载力应不小于100kPa。
7. 阀门井施工注意事项详见图"GX-19"。

湖南省农村小型水利工程典型设计图集　高效节水灌溉工程分册

图名	闸阀井结构图(砖混式)	图号	GX-26

闸阀井平面设计图
1:20

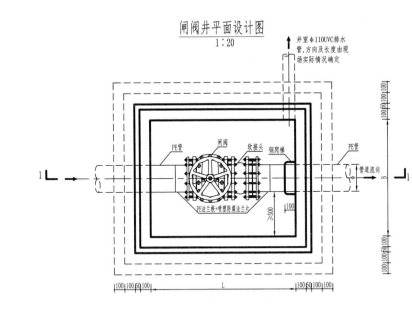

1—1剖视图
1:20

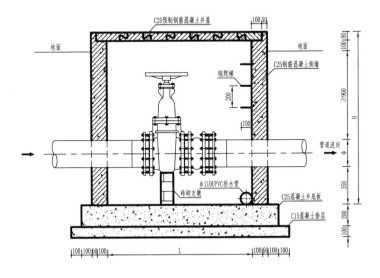

闸阀井主要工程量表

闸阀井	管径φ(mm)	井室长L(mm)	井室宽B(mm)	井室高H(mm)	井盖板 数量(块)	井盖板 长×宽×厚(mm)	土方开挖(m³)	土方回填(m³)	C25混凝土(m³)	C15混凝土垫层(m³)	钢筋制安(t)
I型	110	700	700	1400	3	900×300×80	3.1	0.6	1.0	0.20	0.12
II型	160	1000	700	1400	4	900×300×80	3.8	0.8	1.2	0.24	0.14
	200	1000	700	1400	4	900×300×80	3.8	0.8	1.2	0.24	0.14
III型	250	1300	1000	1600	5	1200×300×80	6.1	1.2	1.9	0.34	0.21
	315	1300	1000	1600	5	1200×300×80	6.1	1.2	1.9	0.34	0.21
	355	1300	1000	1600	5	1200×300×80	6.1	1.2	1.9	0.34	0.21
IV型	400	1300	1300	1800	5	1500×300×80	8.0	1.6	2.3	0.40	0.27
	450	1300	1300	1800	5	1500×300×80	8.0	1.6	2.3	0.40	0.27
	500	1300	1300	1800	6	1500×300×80	8.0	1.6	2.3	0.40	0.27

说明:
1. 图中尺寸单位以mm计。
2. 使用设备名称:暗杆弹性座封闸阀;型号:Z45X-10;
   规格:DN110~500。
3. 结构形式:钢筋混凝土矩形井。
4. 闸阀开启均为井内操作。
5. 管顶覆土深度≥900mm。
6. 土方回填压实度应不小于0.91,基础承载力应不小于100kPa。
7. 阀门井施工注意事项详见图"GX-19"。

湖南省农村小型水利工程典型设计图集   高效节水灌溉工程分册

| 图名 | 闸阀井结构图(钢混式) | 图号 | GX-27 |

闸阀井配筋图
1:20

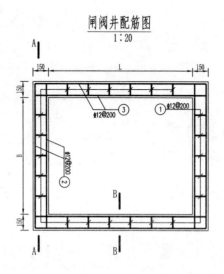

A—A配筋图
1:20

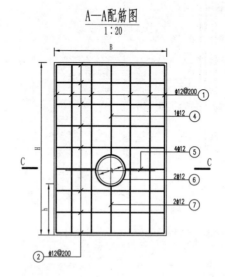

B—B配筋图
1:20

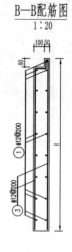

C—C配筋图
1:20

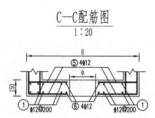

说明:
1. 图中尺寸单位以mm计。
2. Φ钢筋采用HRB335级。
3. 焊条采用E43、E50。

湖南省农村小型水利工程典型设计图集	高效节水灌溉工程分册	
图名	闸阀井配筋图(钢混式)	图号 GX-28

I型闸阀井钢筋表

编号	直径(mm)	型式	单根长(mm)	根数	总长(m)	重量(kg)
①	Φ12	└─1370─ (20)	1390	16	22.24	19.7
②	Φ12	┐80/100 ─1290─	1470	16	23.52	20.9
③	Φ12	─970─	970	30	29.10	35.2
④	Φ12	─970─	970	30	29.10	35.2
⑤	Φ12	─910─ (20)	930	2	1.86	0.8
⑥	Φ12	┐80/100 ─730─	910	2	1.82	0.7
⑦	Φ12	─415─	415	8	3.32	2.0
⑧	Φ12	○─480	480	4	1.92	1.2
⑨	Φ12	─320─	320	4	1.28	0.8
合计	净重					116.4
	加5%损耗总重					122.2

II型闸阀井钢筋表

编号	直径(mm)	型式	单根长(mm)	根数	总长(m)	重量(kg)
①	Φ12	└─1370─ (20)	1390	18	51.48	45.7
②	Φ12	┐80/100 ─1290─	1470	18	51.48	45.7
③	Φ12	─970─	970	30	29.10	35.2
④	Φ12	─1270─	1270	30	38.10	46.0
⑤	Φ12	─910─ (20)	930	2	1.86	0.8
⑥	Φ12	┐80/100 ─730─	910	2	1.82	0.7
⑦	Φ12	─370─	370	8	2.96	1.8
⑧	Φ12	○─760	760	4	3.04	1.9
⑨	Φ12	─320─	320	4	1.28	0.8
合计	净重					133.0
	加5%损耗总重					139.7

III型闸阀井钢筋表

编号	直径(mm)	型式	单根长(mm)	根数	总长(m)	重量(kg)
①	Φ12	└─1570─ (20)	1590	22	34.98	32.1
②	Φ12	┐80/100 ─1490─	1670	22	36.74	33.2
③	Φ12	─1270─	1270	34	43.18	52.2
④	Φ12	─1570─	1570	34	53.38	64.5
⑤	Φ12	─970─ (20)	990	2	1.98	0.8
⑥	Φ12	┐80/100 ─890─	1070	2	2.14	0.8
⑦	Φ12	─495─	495	8	3.96	2.4
⑧	Φ12	○─920	920	4	3.68	2.3
⑨	Φ12	─320─	320	4	1.28	0.8
合计	净重					199.1
	加5%损耗总重					209.0

IV型闸阀井钢筋表

编号	直径(mm)	型式	单根长(mm)	根数	总长(m)	重量(kg)
①	Φ12	└─1770─ (20)	1790	26	46.54	41.3
②	Φ12	┐80/100 ─1690─	1870	26	48.62	43.2
③	Φ12	─1570─	1570	38	59.66	72.1
④	Φ12	─1870─	1870	38	71.06	85.9
⑤	Φ12	─1020─ (20)	1040	4	4.16	1.6
⑥	Φ12	┐80/100 ─960─	1140	4	4.56	1.8
⑦	Φ12	─570─	570	16	9.12	5.6
⑧	Φ12	○─1380	1380	4	5.52	3.4
⑨	Φ12	─320─	320	8	2.56	1.6
合计	净重					256.5
	加5%损耗总重					269.3

闸阀井平面设计图
1:20

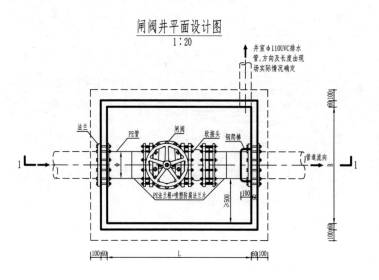

闸阀井主要工程量表

闸阀井	管径Φ(mm)	井室长L(mm)	井室宽B(mm)	井室高H(mm)	井盖板 数量(块)	井盖板 长×宽×厚(mm)	土方开挖(m³)	土方回填(m³)	C30混凝土(m³)	C25混凝土(m³)	C15混凝土垫层(m³)	钢筋制安(t)
I型	110	700	700	1400	3	900×300×80	3.1	0.6	0.3	0.07	0.10	0.05
II型	160	1000	700	1400	4	900×300×80	3.8	0.8	0.4	0.11	0.13	0.06
	200	1000	700	1400	4	900×300×80	3.8	0.8	0.4	0.11	0.13	0.06
III型	250	1300	1000	1600	5	1200×300×80	6.1	1.2	0.6	0.20	0.21	0.08
	315	1300	1000	1600	5	1200×300×80	6.1	1.2	0.6	0.20	0.21	0.08
	355	1300	1000	1600	5	1200×300×80	6.1	1.2	0.6	0.20	0.21	0.08
IV型	400	1300	1300	1800	5	1500×300×80	8.0	1.6	0.7	0.25	0.26	0.10
	450	1300	1300	1800	5	1500×300×80	8.0	1.6	0.7	0.25	0.26	0.10
	500	1300	1300	1800	6	1500×300×80	8.0	1.6	0.7	0.25	0.26	0.10

1—1剖视图
1:20

A大样图
1:20

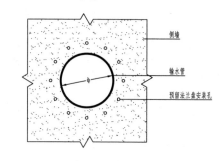

说明:
1. 图中尺寸单位以mm计。
2. 使用设备名称: 暗杆弹性座封闸阀; 型号: Z45X-10;
   规格: DN110～500。
3. 结构形式: 装配式矩形井。
4. 闸阀开启均为井内操作。
5. 管顶覆土深度≥900mm。
6. 土方回填压实度应不小于0.91, 基础承载力应不小于100kPa。
7. 阀门井施工注意事项详见图"GX-19"。

湖南省农村小型水利工程典型设计图集　　高效节水灌溉工程分册

| 图名 | 闸阀井结构图(装配式) | 图号 | GX-30 |

闸阀井配筋图
1:20

A—A配筋图
1:20

B—B配筋图
1:20

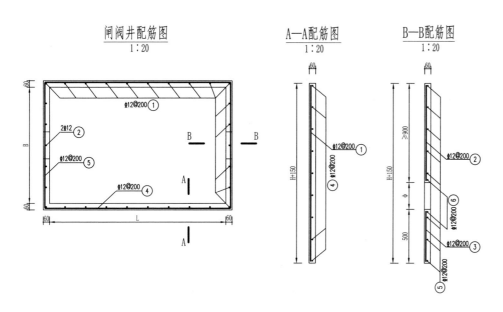

II型闸阀井钢筋表

编号	直径(mm)	型式	单根长(mm)	根数	总长(m)	重量(kg)
①	Φ12	1520	1520	14	21.28	18.9
②	Φ12	870	870	2	1.74	1.5
③	Φ12	470	470	2	0.94	0.8
④	Φ12	1090	1090	15	16.35	14.5
⑤	Φ12	670	670	13	8.71	7.7
⑥	Φ12	R=115 723	723	2	1.45	1.3
合计	净重					44.8
	加5%损耗总重					47.0

III型闸阀井钢筋表

编号	直径(mm)	型式	单根长(mm)	根数	总长(m)	重量(kg)
①	Φ12	1720	1720	20	34.40	30.5
②	Φ12	870	870	2	1.74	1.5
③	Φ12	470	470	2	0.94	0.8
④	Φ12	1390	1390	17	23.63	21.0
⑤	Φ12	930	930	15	13.95	12.4
⑥	Φ12	R=193 1210	1210	2	2.42	2.1
合计	净重					68.4
	加5%损耗总重					71.9

I型闸阀井钢筋表

编号	直径(mm)	型式	单根长(mm)	根数	总长(m)	重量(kg)
①	Φ12	1520	1520	11	16.72	14.8
②	Φ12	910	910	2	1.82	1.6
③	Φ12	470	470	2	0.94	0.8
④	Φ12	790	790	15	11.85	10.5
⑤	Φ12	670	670	13	8.71	7.7
⑥	Φ12	70 440	440	2	0.88	0.8
合计	净重					36.3
	加5%损耗总重					38.1

IV型闸阀井钢筋表

编号	直径(mm)	型式	单根长(mm)	根数	总长(m)	重量(kg)
①	Φ12	1920	1920	23	44.16	39.2
②	Φ12	920	920	2	1.84	1.6
③	Φ12	470	470	2	0.94	0.8
④	Φ12	1390	1390	19	26.41	23.4
⑤	Φ12	1270	1270	17	21.59	19.2
⑥	Φ12	R=265 1665	1665	2	3.33	3.0
合计	净重					87.2
	加5%损耗总重					91.6

说明:
1. 图中尺寸单位以mm计。
2. Φ钢筋采用HRB335级。
3. 焊条采用E43、E50。

湖南省农村小型水利工程典型设计图集　高效节水灌溉工程分册
图名 闸阀井配筋图(装配式)
图号 GX-31

闸阀井设备安装示意图

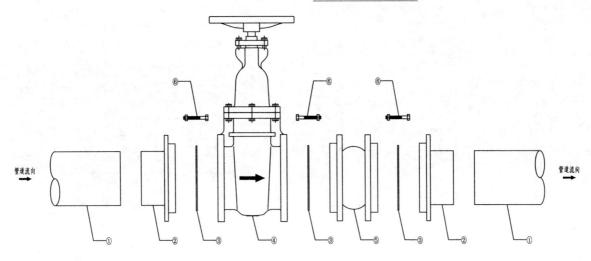

闸阀井管件及设备材料表

闸阀井	① 管径φ (mm)	② PE法兰根与防腐法兰片 外径 (mm)	② 数量 (套)	③ 金属垫 通径 (mm)	③ 数量 (个)	④ 闸阀 通径 (mm)	④ 数量 (个)	⑤ 软接头 通径 (mm)	⑤ 数量 (个)	⑥ 螺栓 规格	⑥ 数量 (套)
Ⅰ型	110	De110	2	DN100	3	DN100	1	DN100	1	M16	8
Ⅱ型	160	De160	2	DN150	3	DN150	1	DN150	1	M20	8
	200	De200	2	DN200	3	DN200	1	DN200	1	M20	8
Ⅲ型	250	De250	2	DN250	3	DN250	1	DN250	1	M20	12
	315	De315	2	DN300	3	DN300	1	DN300	1	M20	12
	355	De355	2	DN350	3	DN350	1	DN350	1	M20	16
Ⅳ型	400	De400	2	DN400	3	DN400	1	DN400	1	M24	16
	450	De450	2	DN450	3	DN450	1	DN450	1	M24	20
	500	De500	2	DN500	3	DN500	1	DN500	1	M24	20

说明:
1. 设备安装顺序应按照水流方向参照示意图进行安装。
2. 设备配备及安装可根据实际情况及特殊要求咨询相关专业技术人员进行调整。
3. 图示选用设备技术条件:
①PE管材,型号: PE80级聚乙烯管材;规格: SDR21, 0.6MPa, φ110~500;
②PE法兰根与防腐法兰片,规格: φ110~500;
③金属垫,规格: DN110~500;
④暗杆弹性座封闸阀,型号: Z45X-10;规格: DN110~500;
⑤可曲绕橡胶接头,型号: KDTF1.0;规格: DN110~500;
⑥镀锌螺栓,规格: M16、M20、M24。

排气阀井平面设计图
1:20

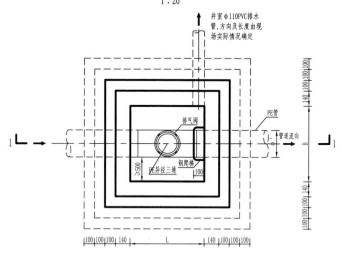

井室φ110PVC排水管,方向及长度由现场实际情况确定

PE管

排气阀

钢爬梯

PE异径三通

管道流向

排气井特性表

闸阀井型号	管径φ (mm)	井室长L (mm)	井室宽B (mm)	井室高H (mm)	井盖板	
					数量(块)	长×宽×厚(mm)
I 型	110	700	700	1200	3	900×300×80
	160	700	700	1200	3	900×300×80
	200	700	700	1200	3	900×300×80
II 型	250	700	700	1400	3	900×300×80
	315	700	700	1400	3	900×300×80
	355	700	700	1400	3	900×300×80
III 型	400	700	700	1600	3	900×300×80
	450	700	700	1600	3	900×300×80
	500	700	700	1600	3	900×300×80

排气井主要工程量表

闸阀井型号	管径φ (mm)	土方开挖 (m³)	土方回填 (m³)	M15实心砖墙 (m³)	M10水泥砂浆 (m²)	C25混凝土 (m³)	C15混凝土垫层 (m³)	钢筋制安 (t)
I 型	110	3.49	0.70	0.90	3.76	0.57	0.25	0.006
	160	3.49	0.70	0.90	3.76	0.57	0.25	0.006
	200	3.49	0.70	0.90	3.76	0.57	0.25	0.006
II 型	250	3.99	0.80	1.08	4.51	0.57	0.25	0.006
	315	3.99	0.80	1.08	4.51	0.57	0.25	0.006
	355	3.99	0.80	1.08	4.51	0.57	0.25	0.006
III 型	400	4.49	0.90	1.26	5.26	0.57	0.25	0.006
	450	4.49	0.90	1.26	5.26	0.57	0.25	0.006
	500	4.49	0.90	1.26	5.26	0.57	0.25	0.006

1—1剖视图
1:20

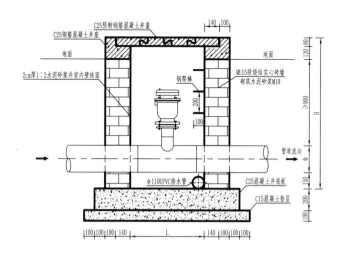

C25预制钢筋混凝土井盖

C25钢筋混凝土井座

地面

2cm厚1:2水泥砂浆井室内壁抹面

钢爬梯

MU15级烧结实心砖墙砌筑水泥砂浆M10

φ110UPVC排水管

C25混凝土井底板

C15混凝土垫层

管道流向

说明:
1. 图中尺寸单位以mm计。
2. 使用设备名称:单口快速排气阀;型号:P41X-10;规格:DN50、DN100。DN50排气阀适用De110~De200管道排气;DN100排气阀适用De250~De500管道排气。
3. 结构形式:砖砌矩形井。
4. 管顶覆土深度≥900mm。
5. 土方回填压实度应不小于0.91,基础承载力应不小于100kPa。
6. 阀门井施工注意事项详见图"GX-19"。

排气阀井平面设计图
1:20

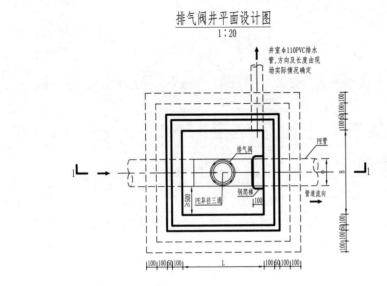

井室φ110PVC排水管,方向及长度由现场实际情况确定

排气阀

PE管

钢爬梯

PE异径三通

管道流向

1—1剖视图
1:20

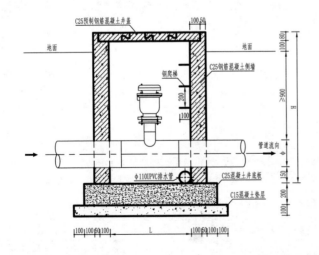

C25预制钢筋混凝土井盖

地面

钢爬梯

C25钢筋混凝土侧墙

管道流向

φ110UPVC排水管

C25混凝土井底板

C15混凝土垫层

排气井主要工程量表

闸阀井	管径φ(mm)	井室长L(mm)	井室宽B(mm)	井室高H(mm)	井盖板		土方开挖(m³)	土方回填(m³)	C25混凝土(m³)	C15混凝土垫层(m³)	钢筋制安(t)
					数量(块)	长×宽×厚(mm)					
I型	110	700	700	1200	3	900×300×80	2.7	0.5	0.9	0.20	0.10
	160	700	700	1200	3	900×300×80	2.7	0.5	0.9	0.20	0.10
	200	700	700	1200	3	900×300×80	2.7	0.5	0.9	0.20	0.10
II型	250	700	700	1400	3	900×300×80	3.1	0.6	1.0	0.20	0.11
	315	700	700	1400	3	900×300×80	3.1	0.6	1.0	0.20	0.11
	355	700	700	1400	3	900×300×80	3.1	0.6	1.0	0.20	0.11
III型	400	700	700	1600	3	900×300×80	3.5	0.7	1.1	0.20	0.11
	450	700	700	1600	3	900×300×80	3.5	0.7	1.1	0.20	0.11
	500	700	700	1600	3	900×300×80	3.5	0.7	1.1	0.20	0.11

说明:

1. 图中尺寸单位以mm计。
2. 使用设备名称:单口快速排气阀;型号:P41X-10;规格:DN50、DN100。DN50排气阀适用De110~De200管道排气;DN100排气阀适用De250~De500管道排气。
3. 结构形式:钢筋混凝土矩形井。
4. 管顶覆土深度≥900mm。
5. 土方回填压实度应不小于0.91,基础承载力应不小于100kPa。
6. 阀门井施工注意事项详见图"GX-19"。

排气井配筋图
1:20

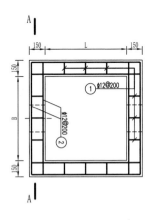

A—A配筋图
1:20

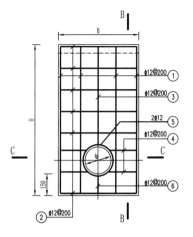

B—B配筋图
1:20

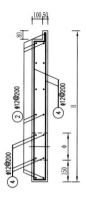

C—C配筋图
1:20

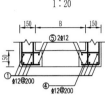

说明:
1. 图中尺寸单位以mm计。
2. Φ钢筋采用HRB335级。
3. 焊条采用E43、E50。

I型排气井钢筋表

编号	直径(mm)	型 式	单根长(mm)	根数	总长(m)	重量(kg)
①	Φ12	1170 / 20	1190	12	14.28	12.7
②	Φ12	80 / 100 / 1090	1270	12	15.24	13.5
③	Φ12	970	970	52	50.44	61.0
④	Φ12	820 / 20	840	2	1.68	2.2
⑤	Φ12	80 / 100 / 740	920	2	1.84	2.1
⑥	Φ12	370	370	8	2.96	1.2
⑦	Φ12	○ 480	480	4	1.92	1.2
⑧	Φ12	120	120	4	0.48	0.3
合计		净 重				94.1
		加5%损耗总重				98.8

II型排气井钢筋表

编号	直径(mm)	型 式	单根长(mm)	根数	总长(m)	重量(kg)
①	Φ12	1370 / 20	1390	8	22.88	20.3
②	Φ12	80 / 100 / 1290	1470	8	22.88	20.3
③	Φ12	970	970	56	54.32	65.6
④	Φ12	865 / 20	885	4	3.54	4.3
⑤	Φ12	80 / 100 / 785	965	4	3.86	4.6
⑥	Φ12	293	293	16	4.69	1.9
⑦	Φ12	○ 1240	1240	4	4.96	3.1
⑧	Φ12	120	120	8	0.96	0.6
合计		净 重				100.4
		加5%损耗总重				105.4

III型排气井钢筋表

编号	直径(mm)	型 式	单根长(mm)	根数	总长(m)	重量(kg)
①	Φ12	1570 / 20	1590	6	19.56	17.4
②	Φ12	80 / 100 / 1490	1670	6	19.56	17.4
③	Φ12	970	970	52	50.44	61.0
④	Φ12	920 / 20	940	6	5.64	6.8
⑤	Φ12	80 / 100 / 840	1020	6	6.12	7.4
⑥	Φ12	547	547	32	17.50	6.9
⑦	Φ12	○ 1700	1700	4	6.80	4.2
⑧	Φ12	120	120	16	1.92	1.2
合计		净 重				104.8
		加5%损耗总重				110.1

湖南省农村小型水利工程典型设计图集	高效节水灌溉工程分册	
图名	排气阀井钢筋表(钢混式)	图号 GX-36

排气阀井平面设计图
1:20

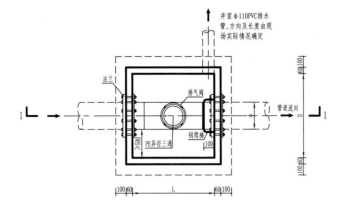

井室φ110PVC排水管,方向及长度由现场实际情况确定

法兰

排气阀

钢爬梯

PE异径三通

管道流向

排气井主要工程量表

闸阀井	管径φ (mm)	井室长L (mm)	井室宽B (mm)	井室高H (mm)	井盖板 数量(块)	井盖板 长×宽×厚(mm)	土方开挖 (m³)	土方回填 (m³)	C30混凝土 (m³)	C25混凝土 (m³)	C15混凝土垫层 (m³)	钢筋制安 (t)
Ⅰ型	110	700	700	1200	3	900×300×80	2.7	0.5	0.3	0.07	0.10	0.05
	160	700	700	1200	3	900×300×80	2.7	0.5	0.3	0.07	0.10	0.05
	200	700	700	1200	3	900×300×80	2.7	0.5	0.3	0.07	0.10	0.05
Ⅱ型	250	700	700	1400	3	900×300×80	3.1	0.6	0.4	0.08	0.11	0.06
	315	700	700	1400	3	900×300×80	3.1	0.6	0.4	0.08	0.11	0.06
	355	700	700	1400	3	900×300×80	3.1	0.6	0.4	0.08	0.11	0.06
Ⅲ型	400	700	700	1600	3	900×300×80	3.5	0.7	0.4	0.08	0.11	0.06
	450	700	700	1600	3	900×300×80	3.5	0.7	0.4	0.08	0.11	0.06
	500	700	700	1600	3	900×300×80	3.5	0.7	0.4	0.08	0.11	0.06

1—1剖视图
1:20

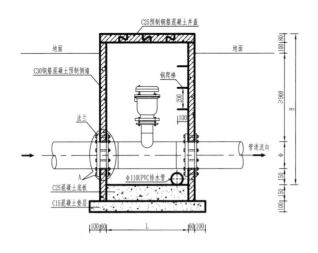

C25预制钢筋混凝土井盖

地面

C30钢筋混凝土预制侧墙

钢爬梯

法兰

管道流向

A

C25混凝土底板

φ110UPVC排水管

C15混凝土垫层

A大样图
1:20

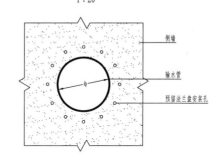

侧墙

输水管

预留法兰盖安装孔

说明:
1. 图中尺寸单位以mm计。
2. 使用设备名称:单口快速排气阀;型号:P41X-10;规格:DN50、DN100。DN50排气阀适用De110~De200管道排气;DN100排气阀适用De250~De500管道排气。
3. 结构形式:装配式矩形井。
4. 管顶覆土深度≥900mm。
5. 土方回填压实度应不小于0.91,基础承载力应不小于100kPa。
6. 阀门井施工注意事项详见图"GX-19"。

闸阀井配筋图
1:20

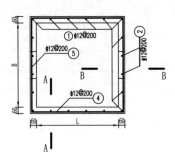

A—A配筋图
1:20

B—B配筋图
1:20

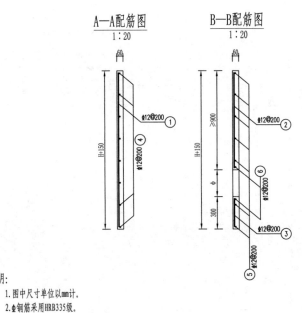

说明:
1. 图中尺寸单位以mm计。
2. Φ钢筋采用HRB335级。
3. 焊条采用E43、E50。

I型闸阀井钢筋表

编号	直径(mm)	型式	单根长(mm)	根数	总长(m)	重量(kg)
①	Φ12	1320	1320	10	13.20	11.7
②	Φ12	870	870	4	3.48	3.1
③	Φ12	270	270	4	1.08	1.0
④	Φ12	790	790	14	11.06	9.8
⑤	Φ12	670	670	12	8.04	7.1
⑥	Φ12	◯ R=115	723	2	1.45	1.3
合计	净重					34.0
	加5%损耗总重					35.7

II型闸阀井钢筋表

编号	直径(mm)	型式	单根长(mm)	根数	总长(m)	重量(kg)
①	Φ12	1520	1520	10	15.20	13.5
②	Φ12	870	870	4	3.48	3.1
③	Φ12	270	270	4	1.08	1.0
④	Φ12	790	790	16	12.64	11.2
⑤	Φ12	630	630	14	8.82	7.8
⑥	Φ12	◯ R=193	1210	2	2.42	2.1
合计	净重					38.7
	加5%损耗总重					40.7

III型闸阀井钢筋表

编号	直径(mm)	型式	单根长(mm)	根数	总长(m)	重量(kg)
①	Φ12	1720	1720	10	17.20	15.3
②	Φ12	870	870	4	3.48	3.1
③	Φ12	270	270	4	1.08	1.0
④	Φ12	790	790	18	14.22	12.6
⑤	Φ12	670	670	16	10.72	9.5
⑥	Φ12	◯ R=265	1665	2	3.33	3.0
合计	净重					44.4
	加5%损耗总重					46.6

湖南省农村小型水利工程典型设计图集　高效节水灌溉工程分册

图名	排气阀井配筋图(装配式)	图号	GX-38

排气阀井设备安装示意图

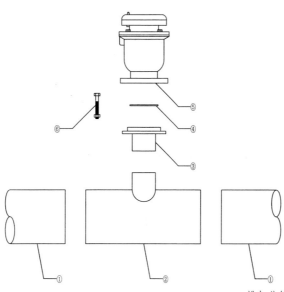

排气井管件及设备材料表

闸阀井	① 管径φ (mm)	② PE异径三通		③ PE法兰根与防腐法兰片		④ 金属垫		⑤ 排气阀		⑥ 螺栓	
		外径 (mm)	数量 (套)	外径 (mm)	数量 (套)	通径 (mm)	数量 (个)	通径 (mm)	数量 (个)	规格	数量 (套)
Ⅰ型	110	De110×63×110	1	De63	1	DN50	1	DN50	1	M16	4
	160	De160×63×160	1	De63	1	DN50	1	DN50	1	M16	4
	200	De200×63×200	1	De63	1	DN50	1	DN50	1	M16	4
Ⅱ型	250	De250×110×250	1	De110	1	DN100	1	DN100	1	M16	8
	315	De315×110×315	1	De110	1	DN100	1	DN100	1	M16	8
	355	De355×110×355	1	De110	1	DN100	1	DN100	1	M16	8
Ⅲ型	400	De400×110×400	1	De110	1	DN100	1	DN100	1	M16	8
	450	De450×110×450	1	De110	1	DN100	1	DN100	1	M16	8
	500	De500×110×500	1	De110	1	DN100	1	DN100	1	M16	8

说明:
1.设备安装顺序应按照水流方向参照示意图进行安装。
2.设备配备及安装可根据实际情况及特殊要求咨询相关专业技术人员进行调整。
3.图示选用设备技术条件:
①PE管材,型号:PE80级聚乙烯管材;规格:SDR21,0.6MPa,φ110～500;
②PE异径三通,规φ110×63×110、φ160×63×160、φ200×63×200、
 φ250×110×250、φ315×110×315、φ355×110×355、φ400×110×400、
 φ450×110×450、φ500×110×500;
③PE法兰根与防腐法兰片,规格:φ63、φ110;
④金属垫,规格:DN50、DN100;
⑤单口快速排气阀,型号:P41X-10;规格:DN50、DN100,DN50排气阀适用De110～De200
 管道排气;DN100排气阀适用De250～De500管道排气;
⑥镀锌螺栓,规格:M16。

湖南省农村小型水利工程典型设计图集   高效节水灌溉工程分册

| 图名 | 排气阀井设备安装示意图 | 图号 | GX-39 |

田间出水池(砖混矩形式)平面设计图
1:20

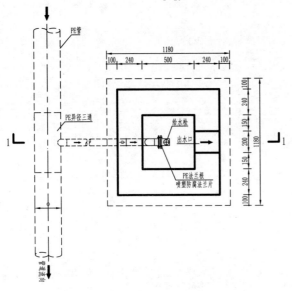

PE管

PE异径三通

给水栓
出水口

PE法兰根
喷塑防腐法兰片

1180
100 240 500 240 100
100 240 150 150 240 100
1180

田间出水池井主要工程量表

井室长L (mm)	井室宽B (mm)	井室高H (mm)	井盖板		土方开挖 (m³)	土方回填 (m³)	MU15实心砖墙 (m³)	M10水泥砂浆 (m²)	C30混凝土 (m³)	C25混凝土 (m³)	钢筋制安 (t)
			数量(块)	长×宽×厚 (mm)							
500	500	600	3	900×300×50	0.72	0.14	0.43	1.78	0.04	0.19	0.006

1—1剖视图
1:20

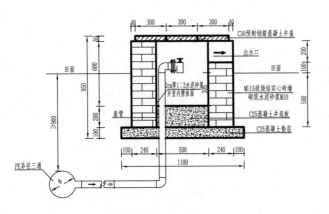

C30预制钢筋混凝土井盖
出水口
田面
2cm厚1:2水泥砂浆
井室内壁抹面
MU15级烧结实心砖墙
砌筑水泥砂浆M10
C25混凝土井底板
C25混凝土垫层
套管
PE异径三通
田面

40 300 300 300 40
60
200 100 100
950
500 600
100 200 100
900
100 240 500 240 100
1180

说明:
1. 图中尺寸单位以mm计。
2. 使用设备名称:螺杆活阀半固定式给水栓;型号:G3B1型系列(或定制);规格:DN110。
3. 结构形式:砖砌矩形井。
4. 给水栓启闭均为井内操作。
5. 管顶覆土深度≥900mm。
6. 出水池给水栓以DN63、DN75为主。
7. 外观形象设计:井身蓝色,顶白色,井身内嵌铭牌,长30cm,宽20cm,厚10cm的水利徽标,白底蓝色仿宋体字样。
8. 土方回填压实度应不小于0.91,基础承载力应不小于100kPa。
9. 阀门井施工注意事项详见图"GX-19"。

湖南省农村小型水利工程典型设计图集　高效节水灌溉工程分册

图名	田间出水池结构图(矩形砖混式)	图号	GX-40

田间出水池(矩形钢混式)平面设计图
1:20

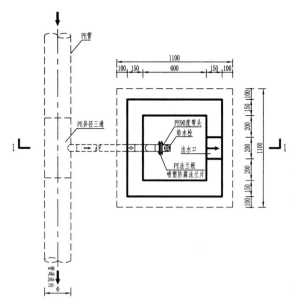

1—1剖视图
1:20

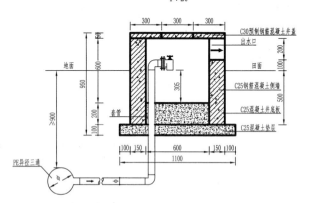

出水池井配筋图
1:20

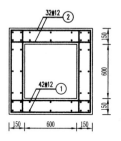

田间出水池井钢筋表

编号	直径(mm)	型式	单根长(mm)	根数	总长(m)	重量(kg)
①	Φ12	740	740	42	29.60	26.3
②	Φ12	840	840	32	33.60	29.8
合计	净 重					56.1
	加5%损耗总重					58.9

田间出水池井主要工程量表

井室长L (mm)	井室宽B (mm)	井室高H (mm)	井盖板 数量(块)	井盖板 长×宽×厚(mm)	土方开挖(m³)	土方回填(m³)	C25混凝土(m³)	C30混凝土(m³)	钢筋制安(t)
600	600	600	3	900×300×50	0.6	0.13	0.19	0.04	0.11

说明:
1. 图中尺寸单位以mm计。
2. 使用设备名称:螺杆活阀半固定式给水栓;型号:G3B1型系列(或定制);规格:DN110。
3. 结构形式:钢筋混凝土矩形井。
4. 给水栓启闭均为井内操作。
5. 管顶覆土深度≥900mm。
6. 出水池给水栓以DN63、DN75为主。
7. 外观形象设计:井身蓝色,顶白色,井身外侧内嵌铭牌,长30cm,宽20cm,厚10cm的水利徽标,白底蓝色仿宋体字样。
8. 土方回填压实度应不小于0.91,基础承载力应不小于100kPa。
9. 阀门井施工注意事项详见图"GX-19"。

湖南省农村小型水利工程典型设计图集	高效节水灌溉工程分册	
图名	田间出水池结构图(矩形钢混式)	图号 GX-41

田间出水池(矩形)井盖结构图
1:20

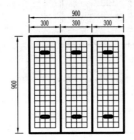

出水池井盖配筋图
1:10

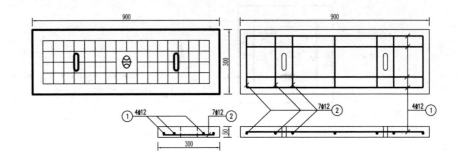

钢 筋 表

编号	直径(mm)	型 式	单根长(mm)	根数	总长(m)	重量(kg)
①	⏀12	840	840	4	3.96	3.5
②	⏀12	240	240	7	2.44	2.2
合计	净 重					5.7
	加5%损耗总重					6.0

说明:
1. 图中尺寸单位以mm计。
2. Φ钢筋采用HRB335级,盖板采用C30钢筋混凝土预制。
3. 焊条采用E43、E50。
4. 保护层厚度30mm。

湖南省农村小型水利工程典型设计图集	高效节水灌溉工程分册	
图名	田间出水池(矩形)井盖设计图	图号 GX-42

田间出水池(钢混圆形式)平面设计图
1:20

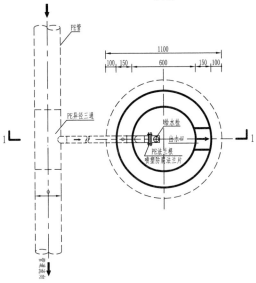

出水池井配筋图(一)
1:20

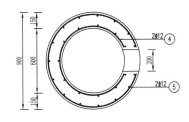

出水池井配筋图(二)
1:20

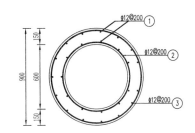

钢筋表

编号	直径(mm)	型式	单根长(mm)	根数	总长(m)	重量(kg)
①	Φ12	760	760	26	19.76	17.5
②	Φ12	R=320	2010	3	6.03	5.4
③	Φ12	R=430	2700	3	8.10	7.2
④	Φ12	R=320	1800	2	3.60	3.2
⑤	Φ12	R=420	2480	2	4.96	4.4
合计	净重					37.7
	加5%损耗总重					39.6

1—1剖视图
1:20

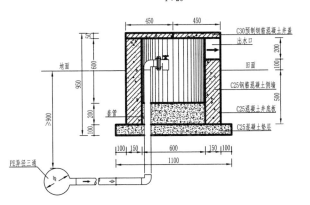

出水池井主要工程量表

井室直径Φ(mm)	井室高H(mm)	井盖板数量(块)	土方开挖(m³)	土方回填(m³)	C25混凝土(m³)	C30混凝土(m³)	钢筋制安(t)
600	600	3	0.48	0.1	0.15	0.03	0.04

说明:
1. 图中尺寸单位以mm计。
2. 使用设备名称:螺杆活阀半固定式给水栓;型号:G3B1型系列(或定制);规格:DN110。
3. 结构形式:钢筋混凝土圆形井。
4. 给水栓启闭均为井内操作。
5. 管顶覆土深度≥900mm。
6. 出水池给水栓以DN63、DN75为主。
7. 外观形象设计:井身蓝色,顶白色,井身外侧内嵌铭牌,长30cm,宽20cm,厚10cm的水利徽标,白底蓝色仿宋体字样。
8. 土方回填压实度应不小于0.91,基础承载力应不小于100kPa。
9. 阀门井施工注意事项详见图"GX-19"。

湖南省农村小型水利工程典型设计图集	高效节水灌溉工程分册
图名	田间出水池结构图(圆形钢混式)	图号	GX-43

田间出水池(圆形)井盖结构图
1:20

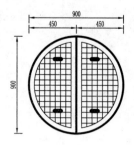

钢 筋 表

编号	直径(mm)	型 式	单根长(mm)	根数	总长(m)	重量(kg)
①	Φ12	759	759	2	1.52	1.3
②	Φ12	544	554	2	1.11	1.0
③	Φ12	947　R=420	947	2	1.89	1.7
④	Φ8	154	154	4	0.62	0.2
⑤	Φ8	202	202	4	0.81	0.3
⑥	Φ8	240	240	2	0.48	0.2
⑦	Φ12	840	840	2	1.68	1.5
合计	净　重					6.3
	加5%损耗总重					6.6

出水池井盖配筋图
1:10

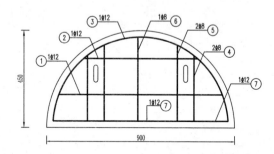

说明:
1. 图中尺寸单位以mm计。
2. Φ钢筋采用HRB335级,盖板采用C30钢筋混凝土预制。
3. 焊条采用E43、E50。
4. 保护层厚度30mm。

湖南省农村小型水利工程典型设计图集	高效节水灌溉工程分册	
图名	田间出水池(圆形)井盖结构图	图号 GX-44

田间出水池(装配矩形式)平面设计图
1:20

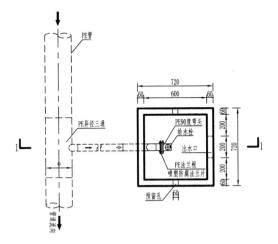

1—1剖视图
1:20

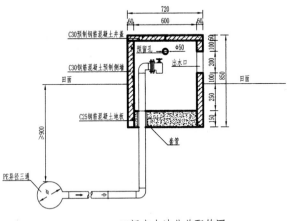

出水池井盖结构图
1:20

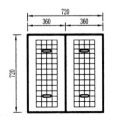

出水池井配筋图
1:20

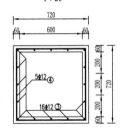

侧墙配筋图
1:20

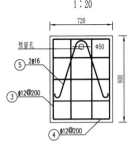

田间出水池井盖配筋图
1:10

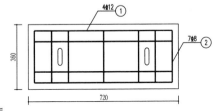

钢 筋 表

编号	直径(mm)	型式	单根长(mm)	根数	总长(m)	重量(kg)
①	⊈12	690	690	4	2.76	2.5
②	⊈8	300	300	7	2.10	0.8
③	⊈12	740	740	16	11.84	10.5
④	⊈12	660 660	2640	5	13.20	11.7
⑤	⊈16	1300	1300	2	2.60	4.1
合计		净 重				29.6
		加5%损耗总重				31.1

出水池井主要工程量表

井室长L (mm)	井室宽B (mm)	井室高H (mm)	井盖板 数量(块)	长×宽×厚(mm)	土方开挖 (m³)	土方回填 (m³)	C25混凝土 (m³)	C30混凝土 (m³)	钢筋制安 (t)
600	600	650	2	720×360×50	0.55	0.11	0.05	0.15	0.03

说明:
1. 图中尺寸单位以mm计。
2. 使用设备名称: 螺杆活阀半固定式给水栓; 型号: G3B1型系列 (或定制); 规格: DN110。
3. 结构形式: 钢筋混凝土矩形装配式井。
4. 给水栓启闭均为井内操作。
5. 管顶覆土深度≥900mm。
6. 出水池给水栓以DN63、DN75为主。
7. 外观形象设计: 井身蓝色, 顶白色, 井身外侧内嵌铭牌, 长30cm, 宽20cm, 厚10cm的水利徽标, 白底蓝色仿宋体字样。
8. 土方回填压实度应不小于0.91, 基础承载力应不小于100kPa。

<table>
<tr><td colspan="2">湖南省农村小型水利工程典型设计图集　　高效节水灌溉工程分册</td></tr>
<tr><td>图名</td><td>田间出水池设计图(矩形装配式)</td><td>图号</td><td>GX-45</td></tr>
</table>

田间出水池(装配圆形式)平面设计图
1:20

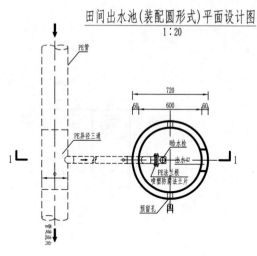

PE管
PE异径三通
给水栓
出水口
PE法兰根
喷塑防腐法兰三片
预留孔

1—1剖视图
1:20

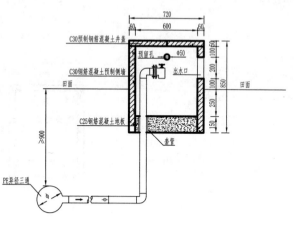

C30预制钢筋混凝土井盖
预留孔 Φ50
出水口
C30钢筋混凝土预制侧墙
田面
田面
C25钢筋混凝土地板
套管
PE异径三通

出水池井盖结构图
1:20

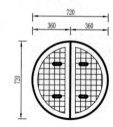

720
360 360
720

田间出水池井盖配筋图
1:10

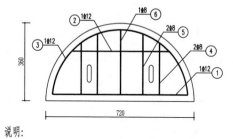

出水池井配筋图
1:20

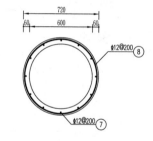

720
60 600 60
Φ12@200 ⑧
Φ12@200 ⑦

侧墙配筋图
1:20

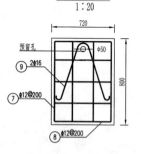

720
预留孔 Φ50
⑨ 2Φ16
⑦ Φ12@200
⑧ Φ12@200
800

钢筋表

编号	直径(mm)	型式	单根长(mm)	根数	总长(m)	重量(kg)
①	Φ12	690	690	2	1.38	1.2
②	Φ12	473	473	2	0.95	0.8
③	Φ12	977 R=330	977	2	1.95	1.7
④	Φ8	240	240	4	0.96	0.4
⑤	Φ8	281	281	4	1.12	0.4
⑥	Φ8	300	300	2	0.60	0.2
⑦	Φ12	740	740	12	8.88	7.9
⑧	Φ12	R=173	1086	5	5.43	4.8
⑨	Φ16	1300	1300	2	2.60	4.1
合计	净重					21.7
	加5%损耗总重					22.7

出水池井主要工程量表

井室直径Φ (mm)	井室高H (mm)	井盖板数量 (块)	土方开挖 (m³)	土方回填 (m³)	C25混凝土 (m³)	C30混凝土 (m³)	钢筋制安 (t)
600	650	2	0.44	0.09	0.04	0.1	0.02

说明:
1. 图中尺寸单位以mm计。
2. 使用设备名称:螺杆活阀半固定式给水栓;型号:G3B1型系列(或定制);规格:DN110。
3. 结构形式:钢筋混凝土圆形装配式井。
4. 给水栓启闭均为井内操作。
5. 管顶覆土深度≥900mm。
6. 出水池给水栓以DN63、DN75为主。
7. 外观形象设计:井身蓝色,顶白色,井身外侧内嵌铭牌,长30cm,宽20cm,厚10cm的水利徽标,白底蓝色仿宋体字样。
8. 土方回填压实度应不小于0.91,基础承载力应不小于100kPa。

田间出水池设备安装示意图

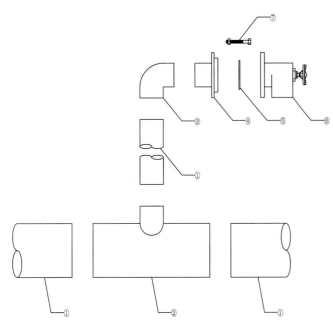

给水栓（放水口）井管件及设备材料表

①	②		③		④		⑤		⑥		⑦	
管径φ（mm）	PE异径三通		PE法兰根与防腐法兰片		PE90°弯头		金属垫		给水栓		螺栓	
	外径（mm）	数量（套）	外径（mm）	数量（套）	通径（mm）	数量（个）	通径（mm）	数量（个）	通径（mm）	数量（个）	规格	数量（套）
160	De160×110×160	1	De110	1	De110	1	DN100	1	DN100	1	M16	8
200	De200×110×200	1	De110	1	De110	1	DN100	1	DN100	1	M16	8
250	De250×110×250	1	De110	1	DN100	1	DN100	1	DN100	1	M16	8
315	De315×110×315	1	De110	1	DN100	1	DN100	1	DN100	1	M16	8
355	De355×110×355	1	De110	1	DN100	1	DN100	1	DN100	1	M16	8
400	De400×110×400	1	De110	1	DN100	1	DN100	1	DN100	1	M16	8
450	De450×110×450	1	De110	1	DN100	1	DN100	1	DN100	1	M16	8
500	De500×110×500	1	De110	1	DN100	1	DN100	1	DN100	1	M16	8

说明：
1. 设备安装顺序应按照水流方向参照示意图进行安装。
2. 设备配备及安装可根据实际情况及特殊要求咨询相关专业技术人员进行调整。
3. 图示选用设备技术条件：
   ①PE管材，型号：PE80级聚乙烯管材；规格：SDR21，0.6MPa，φ110～500。
   ②PE异径三通，规格：φ160×110×160、φ200×110×200、φ250×110×250、φ315×110×315、φ355×110×355、φ400×110×400、φ450×110×450、φ500×110×500。
   ③PE90°弯头，规格：φ110。
   ④PE法兰根与防腐法兰片，规格：φ110。
   ⑤金属垫，规格：DN100。
   ⑥螺杆活阀半固定式给水栓，型号：G3B1型系列（或定制）；规格：DN100。
   ⑦镀锌螺栓，规格：M16。

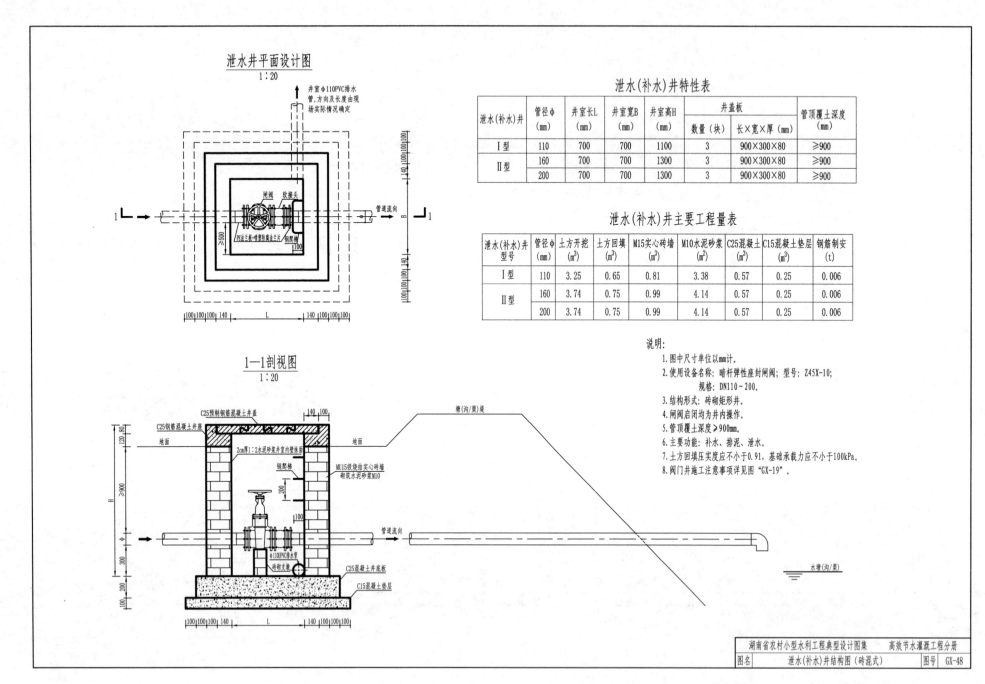

泄水井平面设计图
1:20

井室φ110PVC排水管,方向及长度由现场实际情况确定

管道流向

闸阀　软接头

PE法兰盘+喷塑防腐法兰片

钢爬梯

1—1剖视图
1:20

C25预制钢筋混凝土井盖

C25钢筋混凝土井座

地面

2cm厚1:2水泥砂浆井室内壁抹面

钢爬梯

MU15级烧结实心砖墙砌筑水泥砂浆M10

地面

塘(沟/渠)堤

管道流向

φ110PVC排水管

砖砌支墩

C25混凝土井底板

C15混凝土垫层

水塘(沟/渠)

泄水(补水)井特性表

泄水(补水)井	管径φ (mm)	井室长L (mm)	井室宽B (mm)	井室高H (mm)	井盖板 数量(块)	井盖板 长×宽×厚(mm)	管顶覆土深度 (mm)
Ⅰ型	110	700	700	1100	3	900×300×80	≥900
Ⅱ型	160	700	700	1300	3	900×300×80	≥900
	200	700	700	1300	3	900×300×80	≥900

泄水(补水)井主要工程量表

泄水(补水)井型号	管径φ (mm)	土方开挖 (m³)	土方回填 (m³)	M15实心砖墙 (m³)	M10水泥砂浆 (m²)	C25混凝土 (m³)	C15混凝土垫层 (m³)	钢筋制安 (t)
Ⅰ型	110	3.25	0.65	0.81	3.38	0.57	0.25	0.006
Ⅱ型	160	3.74	0.75	0.99	4.14	0.57	0.25	0.006
	200	3.74	0.75	0.99	4.14	0.57	0.25	0.006

说明:
1. 图中尺寸单位以mm计。
2. 使用设备名称:暗杆弹性座封闸阀;型号:Z45X-10;
   规格:DN110~200。
3. 结构形式:砖砌矩形井。
4. 闸阀启闭均为井内操作。
5. 管顶覆土深度≥900mm。
6. 主要功能:补水、排泥、泄水。
7. 土方回填压实度应不小于0.91,基础承载力应不小于100kPa。
8. 阀门井施工注意事项详见图"GX-19"。

湖南省农村小型水利工程典型设计图集　　高效节水灌溉工程分册

图名	泄水(补水)井结构图(砖混式)	图号	GX-48

泄水井平面设计图
1:20

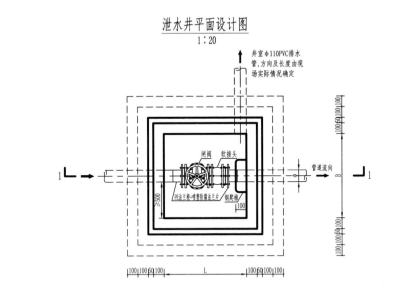

井室φ110PVC排水管,方向及长度由现场实际情况确定

闸阀　软接头

钢筋爬梯

阀法兰+橡胶防腐法兰片

管道流向

泄水(补水)井主要工程量表

泄水(补水)井	管径φ (mm)	井室长L (mm)	井室宽B (mm)	井室高H (mm)	井盖板		土方开挖 (m³)	土方回填 (m³)	C25混凝土 (m³)	C15混凝土垫层 (m³)	钢筋制安 (t)
					数量 (块)	长×宽×厚 (mm)					
I 型	110	700	700	1100	3	900×300×80	2.5	0.5	0.9	0.20	0.10
II 型	160	700	700	1300	3	900×300×80	2.9	0.6	1.0	0.20	0.11
	200	700	700	1300	3	900×300×80	2.9	0.6	1.0	0.20	0.11

1—1剖视图
1:20

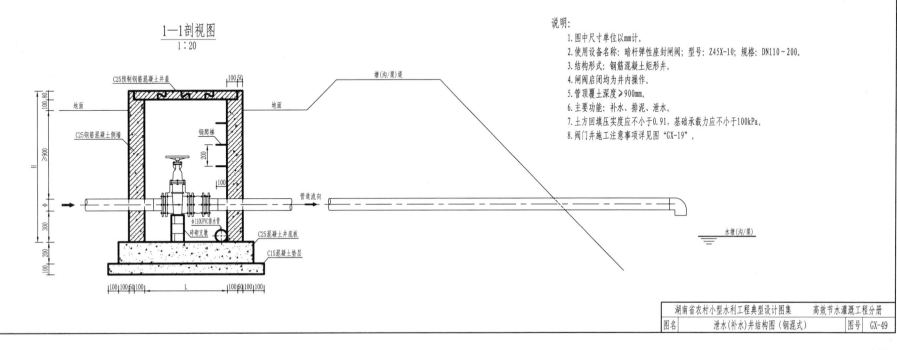

C25预制钢筋混凝土井盖

地面

C25钢筋混凝土侧墙

钢爬梯

墙(沟/渠)堤

地面

φ110PVC排水管

砖砌支墩

C25混凝土井底板

C15混凝土垫层

水塘(沟/渠)

管道流向

说明:
1. 图中尺寸单位以mm计。
2. 使用设备名称:暗杆弹性座封闸阀;型号:Z45X-10;规格:DN110~200。
3. 结构形式:钢筋混凝土矩形井。
4. 闸阀启闭均为井内操作。
5. 管顶覆土深度≥900mm。
6. 主要功能:补水、排泥、泄水。
7. 土方回填压实度应不小于0.91,基础承载力应不小于100kPa。
8. 阀门井施工注意事项详见图"GX-19"。

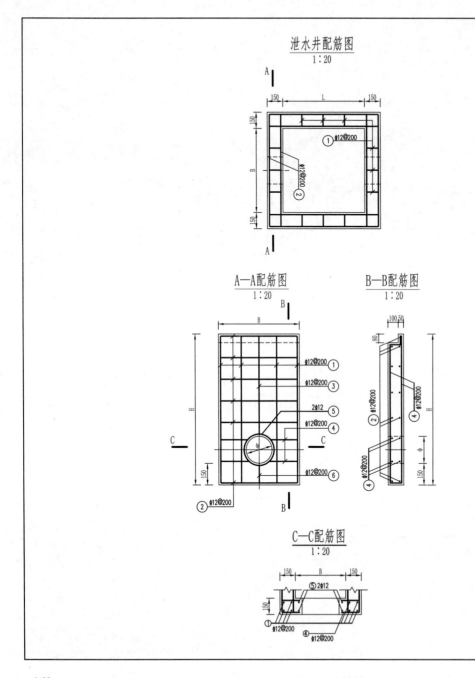

泄水井配筋图
1:20

A—A配筋图
1:20

B—B配筋图
1:20

C—C配筋图
1:20

I型排气井钢筋表

编号	直径(mm)	型 式	单根长(mm)	根数	总长(m)	重量(kg)
①	Φ12	1070	1090	12	13.08	12
②	Φ12	990	1170	12	14.04	14.2
③	Φ12	970	970	52	50.44	61.0
④	Φ12	810	830	2	1.66	2.0
⑤	Φ12	730	910	2	1.82	2.3
⑥	Φ12	370	370	8	2.96	1.2
⑦	Φ12	480	480	4	1.92	1.2
⑧	Φ12	120	120	4	0.48	0.3
合计	净　重					94.1
	加5%损耗总重					98.8

II型泄水(补水)井钢筋表

编号	直径(mm)	型 式	单根长(mm)	根数	总长(m)	重量(kg)
①	Φ12	1270	1290	8	10.32	9.3
②	Φ12	1190	1370	8	10.96	11.0
③	Φ12	970	970	56	54.32	65.6
④	Φ12	920	940	4	3.76	4.3
⑤	Φ12	840	1020	4	4.08	4.6
⑥	Φ12	293	293	16	4.69	1.9
⑦	Φ12	1240	1240	4	4.96	3.1
⑧	Φ12	120	120	8	0.96	0.6
合计	净　重					100.4
	加5%损耗总重					105.4

说明:
1. 图中尺寸单位以mm计。
2. Φ钢筋采用HRB335级。
3. 焊条采用E43、E50。

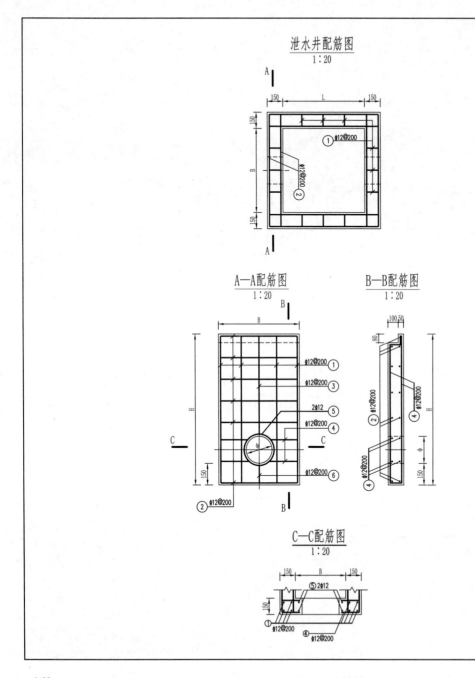

湖南省农村小型水利工程典型设计图集　高效节水灌溉工程分册

| 图名 | 泄水(补水)井配筋图(钢混式) | 图号 | GX-50 |

泄水井平面设计图
1:20

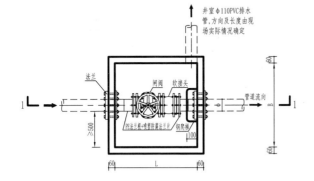

井室φ110PVC排水管,方向及长度由现场实际情况确定

法兰　闸阀　软接头

管道流向

PE法兰桶+喷塑防腐法兰片　钢爬梯

1　1

泄水(补水)井主要工程量表

泄水(补水)井	管径φ (mm)	井室长L (mm)	井室宽B (mm)	井室高H (mm)	井盖板		土方开挖 (m³)	土方回填 (m³)	C30混凝土 (m³)	C25混凝土 (m³)	C15混凝土垫层 (m³)	钢筋制安 (t)
					数量(块)	长×宽×厚 (mm)						
Ⅰ型	110	700	700	1100	3	900×300×80	2.5	0.5	0.3	0.07	0.10	0.04
Ⅱ型	160	700	700	1300	3	900×300×80	2.9	0.6	0.3	0.07	0.10	0.05
	200	700	700	1300	3	900×300×80	2.9	0.6	0.3	0.07	0.10	0.05

1—1剖视图
1:20

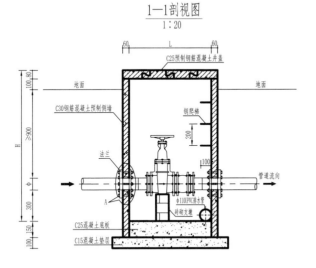

C25预制钢筋混凝土井盖

地面　地面

C30钢筋混凝土预制侧墙

钢爬梯

法兰

管道流向

φ110PVC排水管

砖砌支墩

C25混凝土底板

C15混凝土垫层

A大样图
1:20

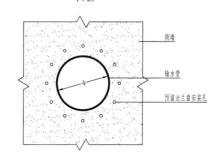

侧墙

输水管

预留法兰盘安装孔

说明:
1. 图中尺寸单位以mm计。
2. 使用设备名称:暗杆弹性座封闸阀;型号:Z45X-10;规格:DN110~200。
3. 结构形式:装配式矩形井。
4. 闸阀启闭均为井内操作。
5. 管顶覆土深度≥900mm。
6. 主要功能:补水、排泥、泄水。
7. 土方回填压实度应不小于0.91,基础承载力应不小于100kPa。
8. 阀门井施工注意事项详见图"GX-19"。

湖南省农村小型水利工程典型设计图集　　高效节水灌溉工程分册

| 图名 | 泄水(补水)井结构图(装配式) | 图号 | GX-51 |

泄水井配筋图
1：20

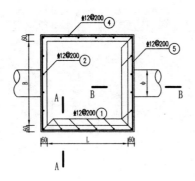

Ⅰ型闸阀井钢筋表

编号	直径(mm)	型 式	单根长(mm)	根数	总长(m)	重量(kg)
①	Φ12	1220	1220	10	12.20	10.8
②	Φ12	870	870	4	3.48	3.1
③	Φ12	420	420	4	1.68	1.5
④	Φ12	790	790	12	9.48	8.4
⑤	Φ12	670	670	10	6.70	5.9
⑥	Φ12	◯70	440	2	0.88	0.8
合计	净 重					30.6
	加5%损耗总重					32.1

A—A配筋图
1：20

B—B配筋图
1：20

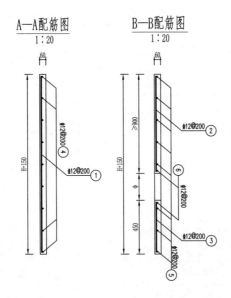

Ⅱ型闸阀井钢筋表

编号	直径(mm)	型 式	单根长(mm)	根数	总长(m)	重量(kg)
①	Φ12	1420	1420	10	14.20	12.6
②	Φ12	870	870	4	3.48	3.1
③	Φ12	270	270	4	1.08	1.0
④	Φ12	790	790	14	11.06	9.8
⑤	Φ12	670	670	12	8.04	7.1
⑥	Φ12	◯R=115	723	2	1.45	1.3
合计	净 重					34.9
	加5%损耗总重					36.6

说明：
1. 图中尺寸单位以mm计。
2. Φ钢筋采用HRB335级。
3. 焊条采用E43、E50。

湖南省农村小型水利工程典型设计图集　　高效节水灌溉工程分册

| 图名 | 泄水(补水)井配筋图(装配式) | 图号 | GX-52 |

泄水井设备安装示意图

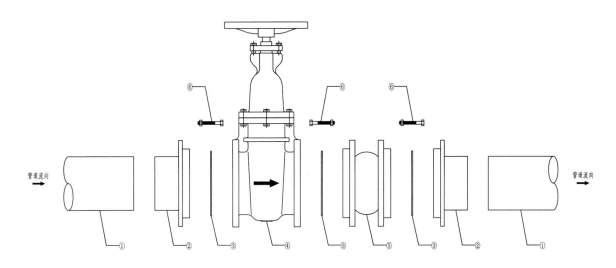

管道流向 →

管道流向 →

管道补水山平塘/排泥放空井管件及设备材料表

①	②		③		④		⑤		⑥	
管径φ (mm)	PE法兰根与防腐法兰片		金属垫		放空阀		软接头		螺栓	
	外径(mm)	数量（套）	通径(mm)	数量（个）	通径(mm)	数量（个）	通径(mm)	数量（个）	规格	数量（套）
110	De110	2	DN100	3	DN100	1	DN100	1	M16	8

说明：

1. 设备安装顺序应按照水流方向参照示意图进行安装。

2. 设备配备及安装可根据实际情况及特殊要求咨询相关专业技术人员进行调整。

3. 图示选用设备技术条件：

①PE管材，型号：PE80级聚乙烯管材；规格：SDR21, 0.6MPa, φ110～200；

②PE法兰根与防腐法兰片，规格：φ110～200；

③金属垫，规格：DN110～200；

④暗杆弹性座封闸阀，型号：Z45X-10；规格：DN110～200；

⑤可曲绕橡胶接头，型号：KDTF1.0；规格：DN110～200；

⑥镀锌螺栓，规格：M16、M20、M24。

I型预制井盖结构图
1:10

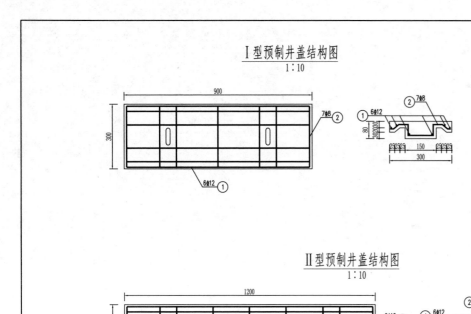

I型预制井盖钢筋表

编号	直径(mm)	型 式	单根长(mm)	根数	总长(m)	重量(kg)
①	Φ8	15⌐45⌐120⌐45⌐15	400	7	2.80	1.1
②	Φ12	870	870	6	5.22	4.6
合计		净 重				5.7
		加5%损耗总重				6.0

II型预制井盖结构图
1:10

II型预制井盖钢筋表

编号	直径(mm)	型 式	单根长(mm)	根数	总长(m)	重量(kg)
①	Φ10	15⌐45⌐120⌐45⌐15	400	9	3.60	2.2
②	Φ12	1170	1170	6	7.02	6.2
合计		净 重				8.5
		加5%损耗总重				8.9

III型预制井盖钢筋表

编号	直径(mm)	型 式	单根长(mm)	根数	总长(m)	重量(kg)
①	Φ10	15⌐45⌐120⌐45⌐15	400	10	4.00	2.5
②	Φ14	1470	1470	6	8.82	10.7
合计		净 重				13.1
		加5%损耗总重				13.8

III型预制井盖结构图
1:10

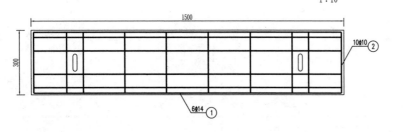

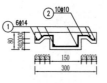

说明:
1. 图中尺寸单位以mm计。
2. Φ钢筋采用HRB335级,采用C25混凝土预制。
3. 焊条采用E43、E50。

湖南省农村小型水利工程典型设计图集	高效节水灌溉工程分册
图名 预制井盖板结构图(不含出水池)	图号 GX-54

高强复合材料(圆形)井盖结构图
1:20

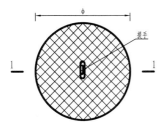

1—1剖面图
1:20

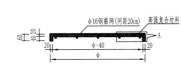

φ16钢筋网(间距20cm)　高强复合材料

高强复合材料(圆形)井盖参数表

序号	井盖尺寸 φ(m)	高强复合材料 (m³)	φ16钢筋数量 (根)	φ16钢筋长度 (m)	φ16钢筋重量 (kg)
1	0.72	0.10	8	2.72	4.5
2	0.90	0.13	10	3.41	5.7

高强复合材料(矩形)井盖结构图
1:20

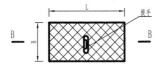

B—B剖面图
1:20

φ16钢筋网(间距20cm)　高强复合材料

高强复合材料(矩形)井盖参数表

序号	井盖尺寸 B(m)	井盖尺寸 L(m)	高强复合材料(m³)	φ16钢筋 Ⅰ型(根)	φ16钢筋 Ⅱ型(根)	φ16钢筋长度(m)	φ16钢筋重量(kg)
1	0.3	0.72	0.06	φ670×2	φ250×4	2.34	4.3
2	0.3	0.90	0.08	φ850×2	φ250×6	2.70	5.4
3	0.3	1.20	0.10	φ1150×2	φ250×8	3.30	7.2
4	0.3	1.50	0.13	φ1450×2	φ250×11	3.90	9.0

A大样图
1:20

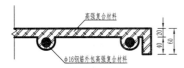

高强复合材料

φ16钢筋外包高强复合材料

说明:
1.图中尺寸单位以mm计。
2.井盖采用高强复合材料加筋,严禁在有机具、车辆等通行的情况下使用该井盖。

管道埋设横断面图
1:20

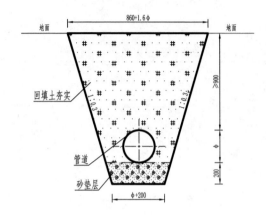

管道外包混凝土铺设横断面图
1:20

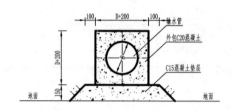

1m管道埋设横断面图数据表

序号	管径φ（mm）	边坡系数	槽底宽(m)	槽面宽(m)	槽深(m)	土方开挖(m³)	土方回填(m³)	砂垫层(m³)
1	110	1:0.3	0.31	1.06	1.21	0.83	0.79	0.04
2	160	1:0.3	0.36	1.14	1.26	0.94	0.86	0.04
3	200	1:0.3	0.40	1.20	1.30	1.04	0.91	0.05
4	150	1:0.3	0.45	1.28	1.35	1.17	0.97	0.05
5	315	1:0.3	0.52	1.38	1.42	1.34	1.03	0.06
6	355	1:0.3	0.56	1.45	1.46	1.46	1.06	0.06
7	400	1:0.3	0.60	1.52	1.50	1.59	1.09	0.07
8	450	1:0.3	0.65	1.60	1.55	1.74	1.11	0.07
9	500	1:0.3	0.70	1.68	1.60	1.90	1.12	0.08

1m管道外包混凝土铺设横断面图数据表

序号	管径φ（mm）	外包C20混凝土(m³)	C15混凝土垫层(m³)
1	110	0.09	0.10
2	160	0.11	0.11
3	200	0.13	0.11
4	250	0.15	0.12
5	315	0.19	0.13
6	355	0.21	0.14
7	400	0.23	0.14
8	450	0.26	0.15
9	500	0.29	0.16

说明：
1.图中高程、桩号以m计，其他尺寸单位为mm。
2.管道埋设需加设垫层以保护输水管。
3.管道外包混凝土铺设横断面图适用于现场开挖难度大或不具有开挖条件的情况，采用外包C20混凝土以保护输水管。

湖南省农村小型水利工程典型设计图集	高效节水灌溉工程分册	
图名	埋管设计图(1/2)	图号 GX-56

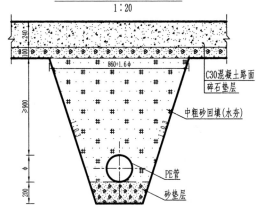

管道穿越碎石路横断面图

标注：碎石回填、回填土夯实、PE管、砂垫层、860+1.6φ、≥900、φ、200、φ+200、1:0.3

管道穿越混凝土路横断面图
1:20

标注：C30混凝土路面、碎石垫层、中粗砂回填(水夯)、PE管、砂垫层、860+1.6φ、≥900、200、φ、1:0.3

1m管道穿越混凝土路横断面图数据表

序号	管径φ（mm）	边坡系数	槽底宽（m）	槽面宽（m）	槽深（m）	土方开挖（m³）	土方回填（m³）	砂垫层（m³）	原混凝土路面破除（m³）	15cm厚碎石路面（m²）	24cm厚C30混凝土路面（m²）
1	110	1：0.3	0.31	1.06	1.21	0.83	0.79	0.04	0.299	0.125	0.099
2	160	1：0.3	0.36	1.14	1.26	0.94	0.86	0.04	0.311	0.13	0.311
3	200	1：0.3	0.40	1.20	1.30	1.04	0.91	0.05	0.32	0.134	0.32
4	250	1：0.3	0.45	1.28	1.35	1.17	0.97	0.05	0.332	0.139	0.332
5	315	1：0.3	0.52	1.38	1.42	1.34	1.03	0.06	0.348	0.145	0.348
6	355	1：0.3	0.56	1.45	1.46	1.46	1.06	0.06	0.358	0.149	0.358
7	400	1：0.3	0.60	1.52	1.50	1.59	1.09	0.07	0.368	0.154	0.368
8	450	1：0.3	0.65	1.60	1.55	1.74	1.11	0.07	0.38	0.159	0.38
9	500	1：0.3	0.70	1.68	1.60	1.90	1.12	0.08	0.392	0.164	0.392

1m管道穿越碎石路横断面图数据表

序号	管径φ（mm）	边坡系数	槽底宽（m）	槽面宽（m）	槽深（m）	土方开挖（m³）	土方回填（m³）	砂垫层（m³）	15cm厚碎石路面（m²）
1	110	1：0.33	0.31	1.06	1.21	0.83	0.79	0.04	0.153
2	160	1：0.33	0.36	1.14	1.26	0.94	0.86	0.04	0.161
3	200	1：0.33	0.40	1.20	1.30	1.04	0.91	0.05	0.167
4	250	1：0.33	0.45	1.28	1.35	1.17	0.97	0.05	0.174
5	315	1：0.33	0.52	1.38	1.42	1.34	1.03	0.06	0.184
6	355	1：0.33	0.56	1.45	1.46	1.46	1.06	0.06	0.19
7	400	1：0.33	0.60	1.52	1.50	1.59	1.09	0.07	0.197
8	450	1：0.33	0.65	1.60	1.55	1.74	1.11	0.07	0.204
9	500	1：0.33	0.70	1.68	1.60	1.90	1.12	0.08	0.212

说明：
1. 图中尺寸标注单位为mm。
2. 施工放线：在管道中心线上每隔30～50m打一木桩，并在管线的转折点、出水口、阀门井等处或地形变化较大的地方加桩，桩上应标明开挖深。
3. 管槽开挖：①根据管材规格、施工机具、操作要求及设计断面确定管槽开挖宽度；②槽底应平直、密实，并清除石块与杂物，排除积水；③遇软弱地基应采取加固处理。沟槽经过岩石、卵石等容易损坏管道的地方，应将槽底再挖15～30cm，并用砂或原土回填至设计槽底高程。
4. 管道安装：①管道安装前，应对管材、管件进行外观检查，不合格者不得使用；②管道中心线应平直，不得用木垫、砖块和其他垫块，管底与管基应紧密接触；③安装带有法兰的阀门和管件时，法兰应保持同轴、平行，保证螺栓自由穿行入内，不得用强紧螺栓的方法消除歪斜；④管道系统中的建筑物，必须按设计要求施工，地基应坚实，必要时应进行夯实或铺设垫层。出地竖管的底部和顶部应采取加固措施；⑤管道安装随时进行质量检查。分段安装或因故中断应用堵头将此敞口封闭，不得将杂物留在管内。
5. 热熔焊接：①热熔对接管道管材、直径和壁厚应相同；②焊接前应将管道锯平，并清除杂质、污物；③应按设计温度加热至充分塑化而不烧焦，加热板应清洁、平整、光滑；④加热板的抽出及合拢应迅速，两管端面应完全对齐，四周挤出树脂应均匀；⑤冷却时应保持清洁，自然冷却应防止尘埃侵入，完全冷却前管道不应移动；⑥对接后两管端面应熔接牢固，并按10%进行抽检，若两管端对接不齐应切开重新加工对接。
6. 充水试验：管道输水工程应进行渗水量试验。
7. 管道回填：管道充水试验(或试运行)合格后，可进行管槽回填。①回填应按设计要求和程序进行，塑料管道回填时，应排除沟槽积水；②回填应先在管道两侧底部同时往上部进行，回填料应为均质土且不含砾石及直径大于50mm的土块；③对管道系统的管件部位，如镇墩、坚管周围及防冲沙池周围等的回填，应分层夯实，严格控制施工质量；④土方回填压实度应不小于0.91，基础承载力应不小于100kPa。

湖南省农村小型水利工程典型设计图集　高效节水灌溉工程分册

图名：埋管设计图(2/2)　图号 GX-57

水平弯管镇墩图(90°)
1:25

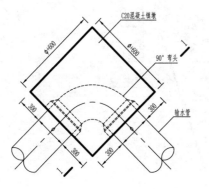

- C20混凝土镇墩
- 90°弯头
- 输水管

水平弯管镇墩图(45°)
1:25

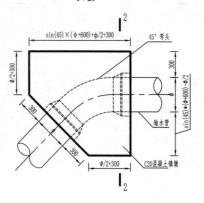

- $\sin(45)\times(\phi+600)+\phi/2+300$
- 45°弯头
- 输水管
- $\sin(45)\times(\phi+600)+\phi/2$
- C20混凝土镇墩

向下弯管镇墩图
1:25

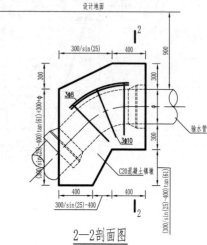

- 设计地面
- $300/\sin(25)$
- 输水管
- 3Φ8
- 3Φ10
- C20混凝土镇墩

向下弯管镇墩图
1:25

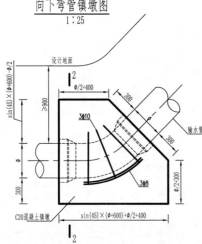

- 设计地面
- $\phi/2+400$
- 输水管
- 3Φ10
- 3Φ8
- C20混凝土镇墩
- $\sin(45)\times(\phi+600)+\phi/2+400$

1—1剖面图
1:25

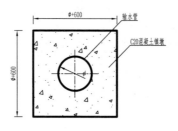

- $\phi+600$
- 输水管
- C20混凝土镇墩

2—2剖面图
1:25

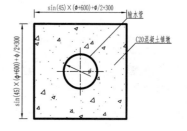

- $\sin(45)\times(\phi+600)+\phi/2+300$
- 输水管
- C20混凝土镇墩

单个镇墩埋设数据表

序号	管径De (mm)	土方开挖(m³)	土方回填(m³)	C20混凝土(m³)	钢筋(kg)
1	110	0.6	0.5	0.4	4.6
2	160	0.8	0.6	0.4	5.6
3	200	0.9	0.6	0.5	6.5
4	250	1.1	0.8	0.6	7.8
5	315	1.4	1.0	0.8	9.8
6	355	1.6	1.1	0.9	11.1
7	400	1.8	1.3	1.0	12.8
8	450	2.1	1.5	1.2	14.8
9	500	2.4	1.7	1.3	17.0

说明:
1. 图中高程、桩号以m计,其他尺寸单位为mm。
2. 管道在平面或竖向转弯处设置镇墩,镇墩采用C20混凝土浇筑;管道埋于地下,埋深不小于0.9m。
3. 管道穿越公路时两侧均设镇墩,并用混凝土包裹管道,穿越公路等处设置明显标识。
4. 输水管道单节长6m。
5. 在管道与混凝土镇墩之间加设两层油毛毡,防止管道伸缩时镇墩混凝土对管材造成损坏。
6. 土方回填压实度应不小于0.91,基础承载力应不小于100kPa。

湖南省农村小型水利工程典型设计图集		高效节水灌溉工程分册
图名	镇墩设计图	图号 GX-58

胶圈连接示意图
1:50

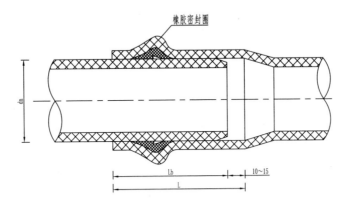

橡胶密封圈

PE管材公称压力和规格尺寸(单位：mm)

公称外径	不同公称压力pn(MPa)的公称管壁en				
DN	0.60	0.80	1.00	1.25	1.60
20					2.0
25					2.0
32				2.0	2.4
40			2.0	2.4	3.0
50		2.0	2.4	3.0	3.7
63	2.0	2.5	3.0	3.8	4.7
75	2.2	2.9	3.6	4.5	5.6
90	2.7	3.5	4.3	5.4	6.7
110	3.2	3.9	4.8	5.7	7.2
160	3.6	4.0	4.9	6.2	7.7
200	3.9	4.9	6.2	7.7	9.6
250	4.9	6.2	7.7	9.6	11.9
315	6.2	7.7	9.7	12.1	15.0
355	7.0	8.7	10.9	13.6	16.9
400	7.9	9.8	12.3	15.3	19.1
450	8.8	11.0	13.8	17.2	21.5
500	9.8	12.3	15.3	19.1	23.9

承口尺寸(单位：mm)

公称外径	最小深度	中部平均内径Ds	
DN	L	最小	最大
20	36	20.1	20.3
25	38.5	25.1	25.3
32	22	32.1	32.3
40	26	40.1	40.3
50	31	50.1	50.3
63	37.5	63.1	63.3
75	43.5	75.1	75.3
90	51	90.1	90.3
110	61	110.1	110.4

管长6m的伸缩量

施工时最低环境温度(℃)	设计最大温差(℃)	伸缩量(mm)
15	25	10.5
10	30	12.6
5	35	14.7

说明：
  1.图中尺寸除管径单位以mm计外，其余均以m计。

混凝土管主要尺寸图
1:50

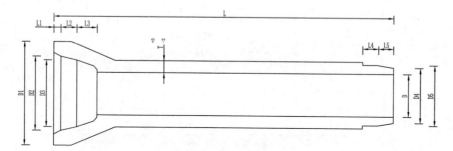

管材规格尺寸表一(单位：mm)

编号	公称直径 D	工作压力 kg/cm²	检验压力 kg/cm²	D1	D2	D3	D4	D5	T $^{+5}_{-2}$	L1	L2	L3	L4	L5	L	参考重量 kg	L6	L7
1	100	4	8															
2		8	12	244	169	168	146	152	32	15	35	40	20	30	3080	100	10	28
3		12	22															
4	150	4	8	278	203	202	182	186	24	15	35	47	25	30	3077	120	20	20
5		8	12															
6	200	4	8	355	269	268	246	252	32	20	30	47	20	30	3080	170	17	28
7		8	12															
8	250	4	8	380	305	304	284	288	25	15	35	47	25	30	3077	190	20	20
9		8	12															
10	300	4	8	452	366.5	365.5	342	346	30	15	35	52	25	30	3077	270	25	20
11		8	12															
12	350	4	8	502	416.5	415.5	392	396	30	15	35	52	25	30	3077	310	25	20
13		8	12															
14	400	4	8	572	476	475	452	456	35	15	35	57	25	30	3077	410	30	20
15		8	12															
16	500	4	8	680	578	576	550	554	35	27	45	57	35	35	3109	520	20	37
17		8	12															
18	600	4	8	806	688	686	660	664	40	27	45	60	35	35	3109	70	23	37
19		8	12															
20	800	4	8	1046	908	906	880	884	50	30	50	65	40	40	3122	1150	23	40
21		8	12															

管材规格尺寸表二(单位：mm)

编号	公称直径 D	工作压力 kg/cm²	检验压力 kg/cm²	实际长度 L	管壁厚度 T+t	管芯厚度 T	保护层厚度 t	参考重量 kg
1	150	12	22	3077	39	24	15	200
2		16	26		44		20	
3	200	12	22	3080	47	32	15	280
4		16	26		52		20	
5	250	12	22	3077	40	25	15	300
6		16	26					
7		25	35		45		20	
8	300	12	22	3077	45	30	15	410
9		16	26					
10		25	35		50		20	
11	350	12	22	3077	45	30	15	470
12		16	26					
13		25	35		50		20	
14	400	12	22	3077	50	35	15	600
15		16	26					
16		25	35		55		20	
17	500	12	22	3109	50	35	15	730
18		16	26					
19		25	35		55		20	
20	600	12	22	3109	60	40	15	960
21		16	26					
22	800	12	22	3122	70	50	20	1500

安装准备

安装完毕

说明：

1. 图中尺寸除管径单位以mm计外，其余均以m计。

铸铁管件示意图

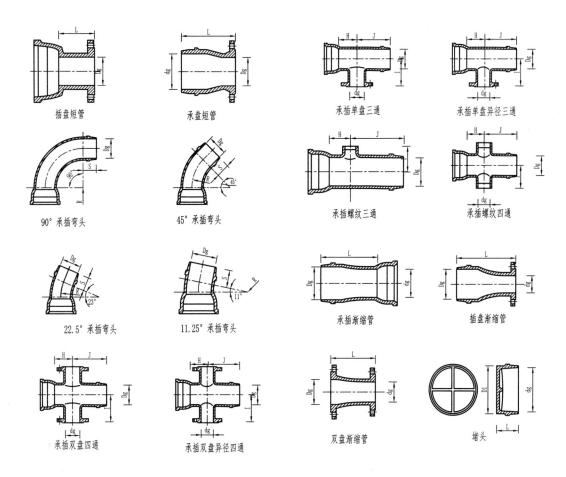

插盘短管　　承盘短管　　承插单盘三通　　承插单盘异径三通

90°承插弯头　　45°承插弯头　　承插螺纹三通　　承插螺纹四通

22.5°承插弯头　　11.25°承插弯头　　承插渐缩管　　插盘渐缩管

承插双盘四通　　承插双盘异径四通　　双盘渐缩管　　堵头

铸铁管件规格型号

名称	规格	外形尺寸(mm)							
		Dg	dg	L	H	J	I	R	S
插盘短管	100	100	128	200					
	150	150	176	200					
	200	200	236	200					
	250	250	294	250					
	300	300	350	250					
承盘短管	100	100	169	220					
	150	150	219	125					
	200	200	278	135					
	250	250	338	155					
	300	300	401	220					
90°承插弯管	100	128	168					250	80
	150	176	218					300	80
	200	236	278					400	80
	250	294	338					400	80
	300	350	401					550	108
45°承插弯管	100	128	168					250	80
	150	176	218					300	80
	200	236	278					400	80
	250	294	338					400	80
	300	350	401					550	108
22.5°承插弯管	100	128	168					250	80
	150	176	218					300	80
	200	236	278					400	80
	250	294	338					400	80
	300	350	401					550	108
承插双盘四通	100	128	100		140	220	170		
	150	176	150		175	260	200		
	200	236	200		195	280	230		
	250	294	250		225	320	260		
	300								
承插双盘异径四通	150×100	176	100		175	260	200		
	200×150	236	150		195	280	230		
	200×100	236	100		195	280	230		
	250×200	294	200		225	310	260		
	250×150	294	150		195	280	260		
	300×250	350	250		245	350	300		
	300×200	350	200		215	320	295		
承插单盘三通	100	128	100		140	220	170		
	150	176	150		175	260	200		
	200	236	200		195	280	230		
	250	294	250		225	320	260		
	300	350			245	350	300		
承插单盘异径三通	150×100	176	100		175	260	200		
	200×150	236	150		195	280	230		
	200×100	236	100		195	280	230		
	250×200	294	200		225	310	260		
	250×150	294	150		195	280	260		
	300×200	350	200		225	320	295		
承插螺纹三通	100×ZG2"	128			70	150	130		
	100×ZG1"	128			60	150	120		
承插渐缩管	150×100	176	168	260					
	200×150	234	218	260					
	200×100	236	168	320					
	250×200	294	278	270					
	250×150	294	218	420					
	300×250	350	338	298					
	300×200	350	350	438					
堵头	100	128		100					
	150	176		100					
	200	236		120					
	250	294		120					

说明：
1. 图中尺寸除管径单位以mm计外，其余均以m计。

铭牌设计图(一)
1:5

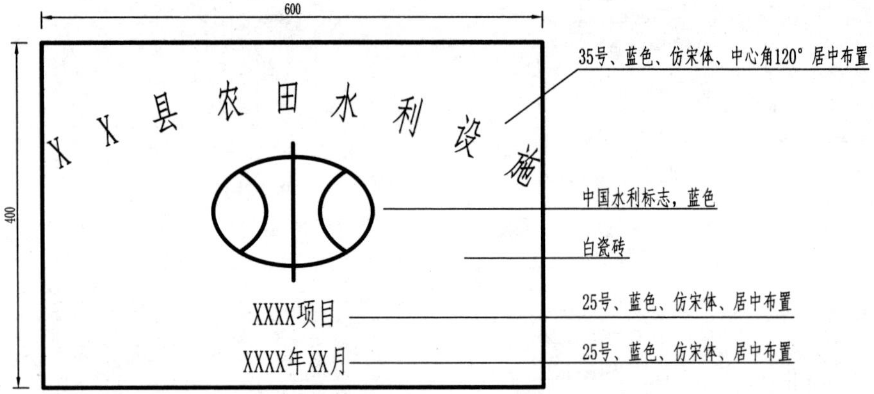
600
400
X X 县 农 田 水 利 设 施
35号、蓝色、仿宋体、中心角120° 居中布置
中国水利标志，蓝色
白瓷砖
XXXX项目
25号、蓝色、仿宋体、居中布置
XXXX年XX月
25号、蓝色、仿宋体、居中布置

铭牌设计图(二)
1:5

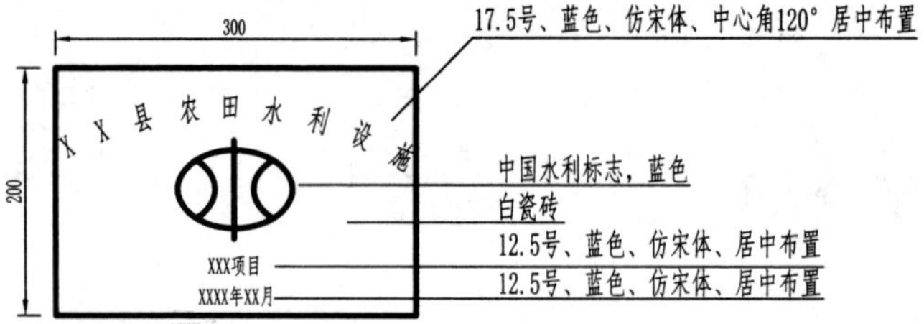
300
200
X X 县 农 田 水 利 设 施
17.5号、蓝色、仿宋体、中心角120° 居中布置
中国水利标志，蓝色
白瓷砖
12.5号、蓝色、仿宋体、居中布置
XXX项目
12.5号、蓝色、仿宋体、居中布置
XXXX年XX月

说明:

1. 图中单位尺寸以mm计。
2. 铭牌采用白瓷砖烧制，图中字样及水利标志均为蓝色。

湖南省农村小型水利工程典型设计图集		高效节水灌溉工程分册	
图名	铭牌设计图	图号	GX-62

项目公示牌(一)立面图
1:20

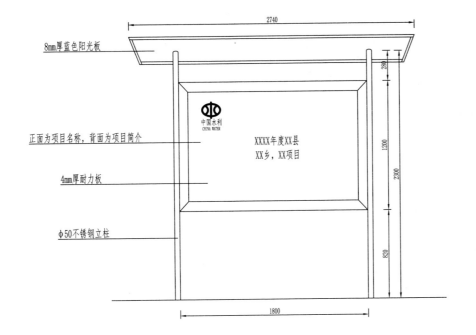

8mm厚蓝色阳光板

正面为项目名称,背面为项目简介

4mm厚耐力板

Φ50不锈钢立柱

中国水利
CHINA WATER

XXXX年度XX县
XX乡,XX项目

项目公示牌(一)侧立面图
1:20

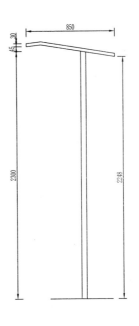

说明:
1.图中单位尺寸以mm计。
2.图中字样及水利标志均为蓝色。

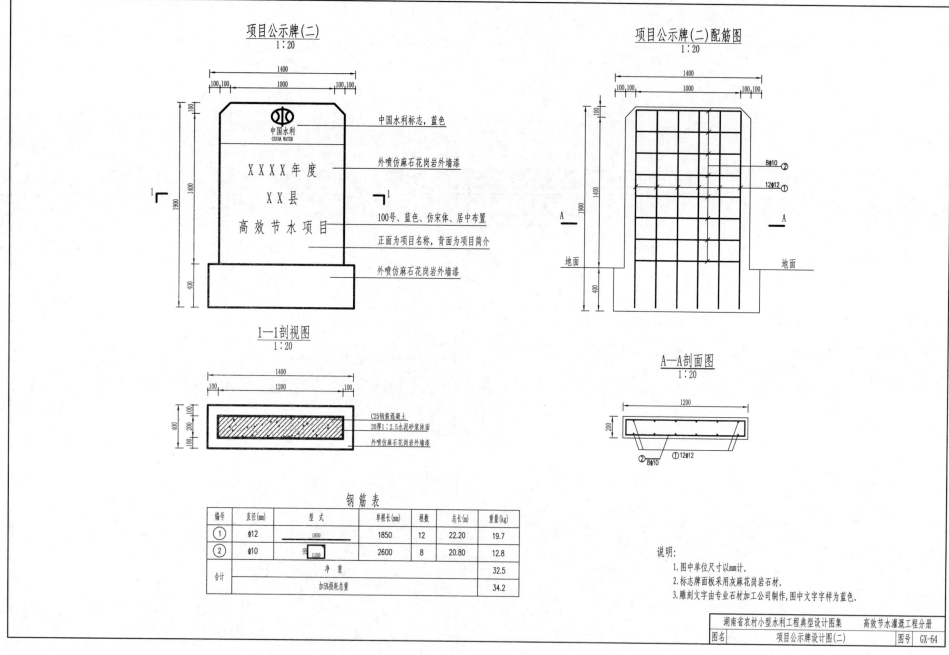

项目公示牌(二)
1:20

中国水利标志，蓝色

外喷仿麻石花岗岩外墙漆

100号、蓝色、仿宋体、居中布置

正面为项目名称，背面为项目简介

外喷仿麻石花岗岩外墙漆

项目公示牌(二)配筋图
1:20

8⏀10 ②

12⏀12 ①

地面

地面

1—1剖视图
1:20

C25钢筋混凝土
20厚1:2.5水泥砂浆抹面
外喷仿麻石花岗岩外墙漆

A—A剖面图
1:20

② 8⏀10　① 12⏀12

钢 筋 表

编号	直径(mm)	型式	单根长(mm)	根数	总长(m)	重量(kg)
①	⏀12	1850	1850	12	22.20	19.7
②	⏀10	1150	2600	8	20.80	12.8
合计	净 重					32.5
	加5%损耗总重					34.2

说明：
1. 图中单位尺寸以mm计。
2. 标志牌面板采用灰麻花岗岩石材。
3. 雕刻文字由专业石材加工公司制作，图中文字字样为蓝色。

界桩平面图(混凝土预制桩)
1:20

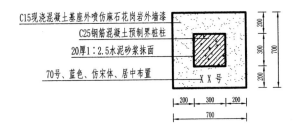

C15现浇混凝土基座外喷仿麻石花岗岩外墙漆

C25钢筋混凝土预制界桩柱

20厚1:2.5水泥砂浆抹面

70号、蓝色、仿宋体、居中布置

XX号

200 300 200
700

200
300
200
700

立面图
1:20

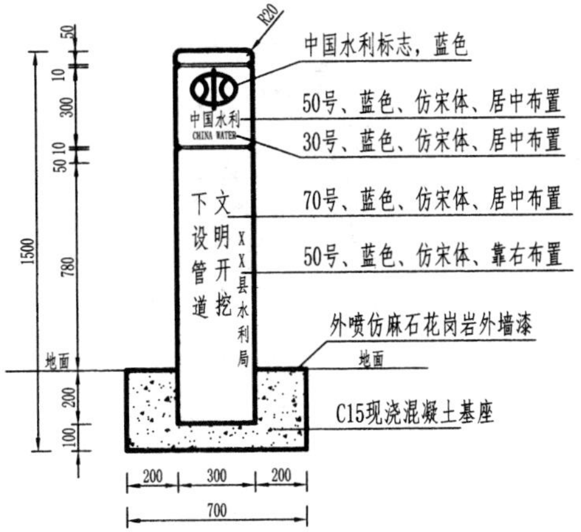

中国水利标志，蓝色

50号、蓝色、仿宋体、居中布置

30号、蓝色、仿宋体、居中布置

70号、蓝色、仿宋体、居中布置

50号、蓝色、仿宋体、靠右布置

外喷仿麻石花岗岩外墙漆

C15现浇混凝土基座

下文说明管道开挖

XX县水利局

地面

200 300 200
700

钢筋混凝土预制界桩柱配筋平面图
1:20

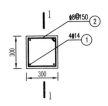

Φ8@150
4Φ14
300
300

1—1配筋图
1:20

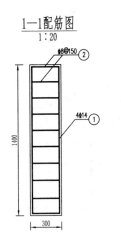

Φ8@150
4Φ14
1400
300

钢 筋 表

编号	直径(mm)	型 式	单根长(mm)	根数	总长(m)	重量(kg)
①	Φ14	1320	1320	4	5.28	6.4
②	Φ8	270	1080	10	10.80	4.3
合计		净 重				10.6
		加5%损耗总重				11.2

说明：
1. 图中尺寸单位以mm计。
2. Φ钢筋采用HRB335级。
3. 焊条采用E43、E50。

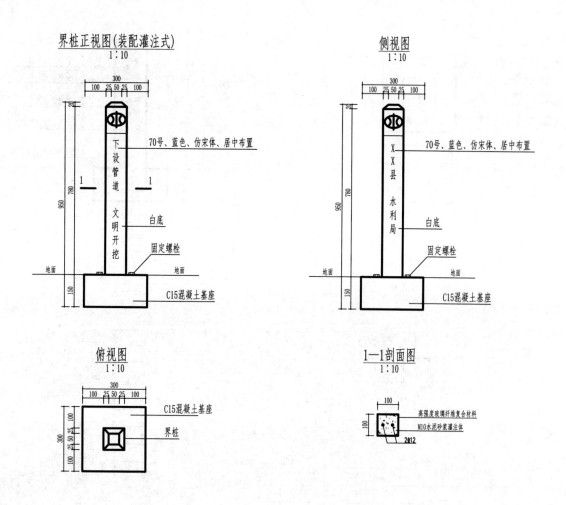

界桩正视图(装配灌注式)
1:10

70号、蓝色、仿宋体、居中布置

白底

固定螺栓

C15混凝土基座

侧视图
1:10

70号、蓝色、仿宋体、居中布置

白底

固定螺栓

C15混凝土基座

俯视图
1:10

C15混凝土基座

界桩

1—1剖面图
1:10

高强度玻璃纤维复合材料

M10水泥砂浆灌注体

说明:
1.图中尺寸单位以mm计。
2.装配式界桩型号分为100×100×800mm壁厚5mm。
3.界桩材料采用:高强度玻璃纤维复合材料模压制作。
4.界桩表面文字用特种丝印及凹型处理,一次着色固化成型。
5.界桩坐落在混凝土基础上,采用预埋螺栓固定。

喷(微喷)灌系统组成示意图(自压引水式)

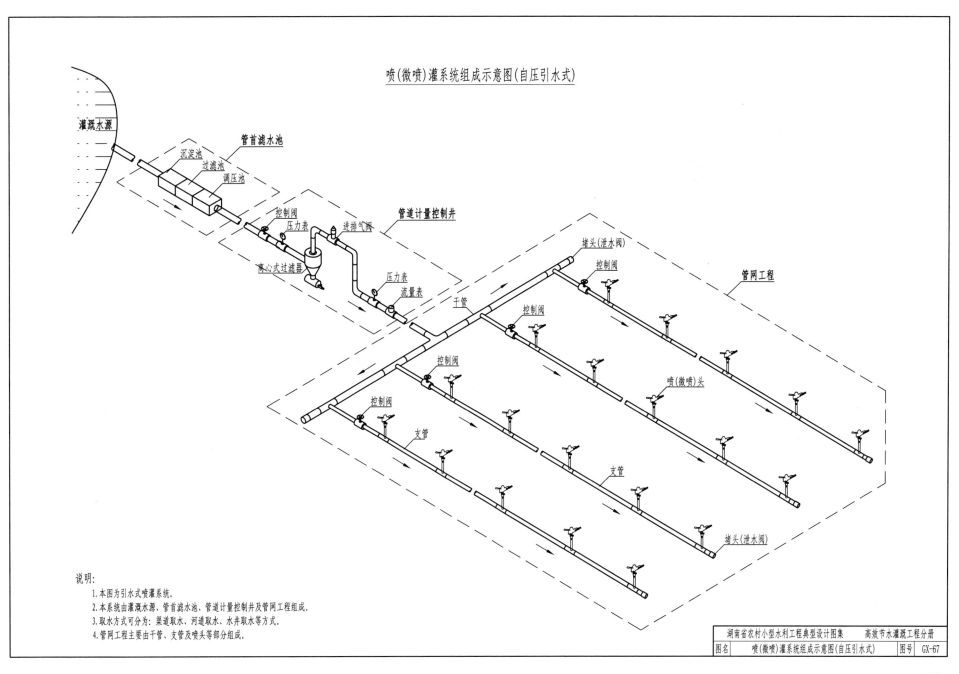

说明:
1. 本图为引水式喷灌系统。
2. 本系统由灌溉水源、管首滤水池、管道计量控制井及管网工程组成。
3. 取水方式可分为:渠道取水、河道取水、水井取水等方式。
4. 管网工程主要由干管、支管及喷头等部分组成。

湖南省农村小型水利工程典型设计图集	高效节水灌溉工程分册	
图名	喷(微喷)灌系统组成示意图(自压引水式)	图号 GX-67

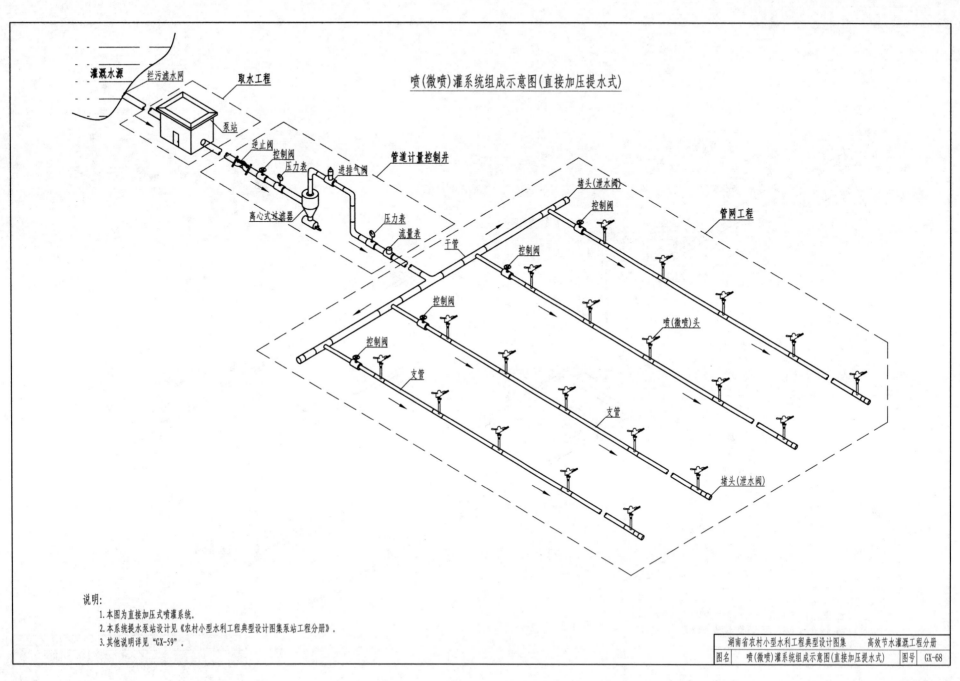

喷(微喷)灌系统组成示意图(直接加压提水式)

灌溉水源
拦污滤水网
取水工程
泵站
逆止阀
控制阀
压力表
进排气阀
管道计量控制井
离心式过滤器
压力表
流量表
干管
堵头(泄水阀)
控制阀
管网工程
控制阀
控制阀
喷(微喷)头
控制阀
支管
支管
堵头(泄水阀)

说明:
1.本图为直接加压式喷灌系统。
2.本系统提水泵站设计见《农村小型水利工程典型设计图集泵站工程分册》。
3.其他说明详见"GX-59"。

湖南省农村小型水利工程典型设计图集   高效节水灌溉工程分册

| 图名 | 喷(微喷)灌系统组成示意图(直接加压提水式) | 图号 | GX-68 |

喷(微喷)灌系统组成示意图(高位水池提水式)

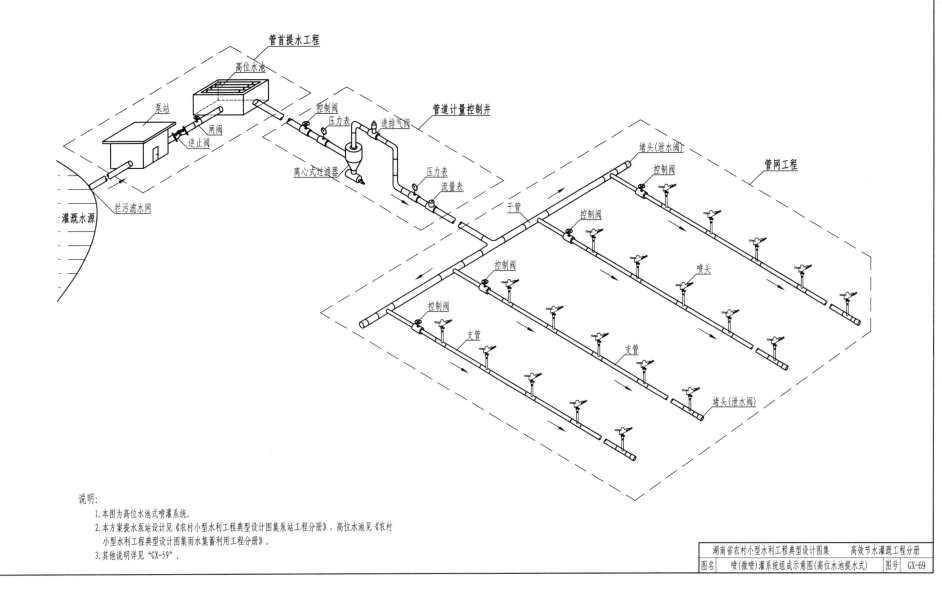

说明:
1.本图为高位水池式喷灌系统。
2.本方案提水泵站设计见《农村小型水利工程典型设计图集泵站工程分册》,高位水池见《农村小型水利工程典型设计图集雨水集蓄利用工程分册》。
3.其他说明详见"GX-59"。

固定式喷(微喷)灌系统布置图

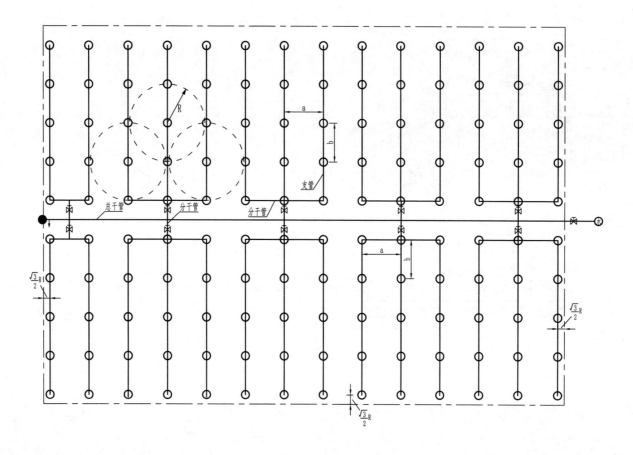

说明:
1. 本图为固定式喷灌系统。
2. 管道布设原则:
　1)力求管道总长最短,控制面积最大,管线平缓,少转弯,少起伏。
　2)在管道式喷灌系统中,除在田边、路旁或房屋附近使用扇形喷洒外,其余均采用全圆喷洒。
　3)本图采用全圆喷洒设计。
　4)喷头组合间距(a、b值)应通过计算确定。

图 例

	干管		支管
●	泄水井	⊠	控制闸阀
○	喷(微喷)头	Ⓡ	有压水源

湖南省农村小型水利工程典型设计图集　　高效节水灌溉工程分册

图名	喷(微喷)灌系统管网布置示意图	图号	GX-70

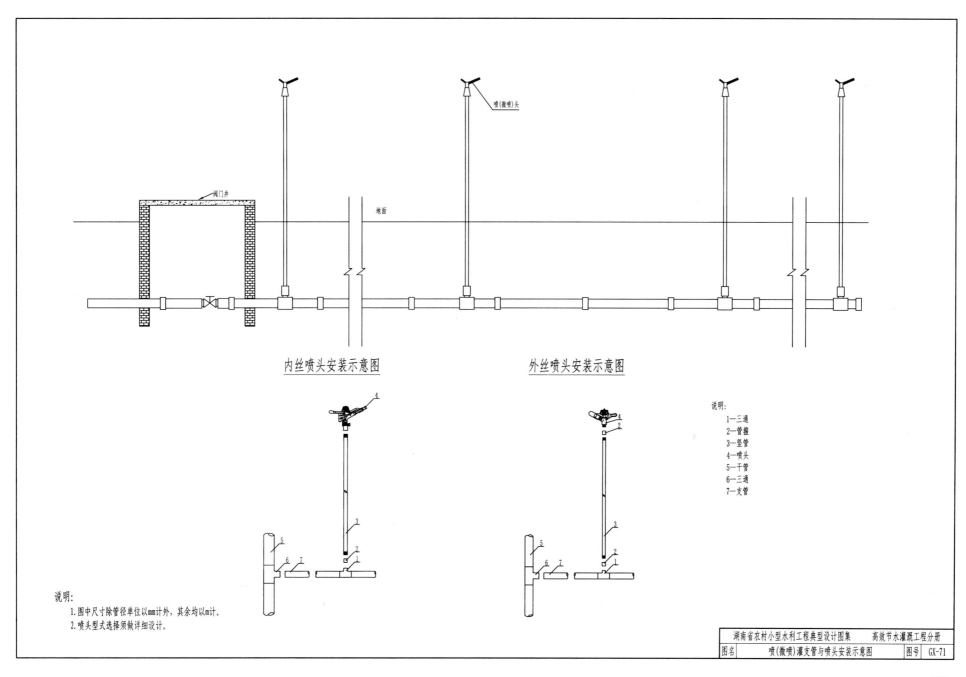

内丝喷头安装示意图　　　　　　　外丝喷头安装示意图

说明：
1—三通
2—管箍
3—竖管
4—喷头
5—干管
6—三通
7—支管

说明：
1.图中尺寸除管径单位以mm计外，其余均以m计。
2.喷头型式选择须做详细设计。

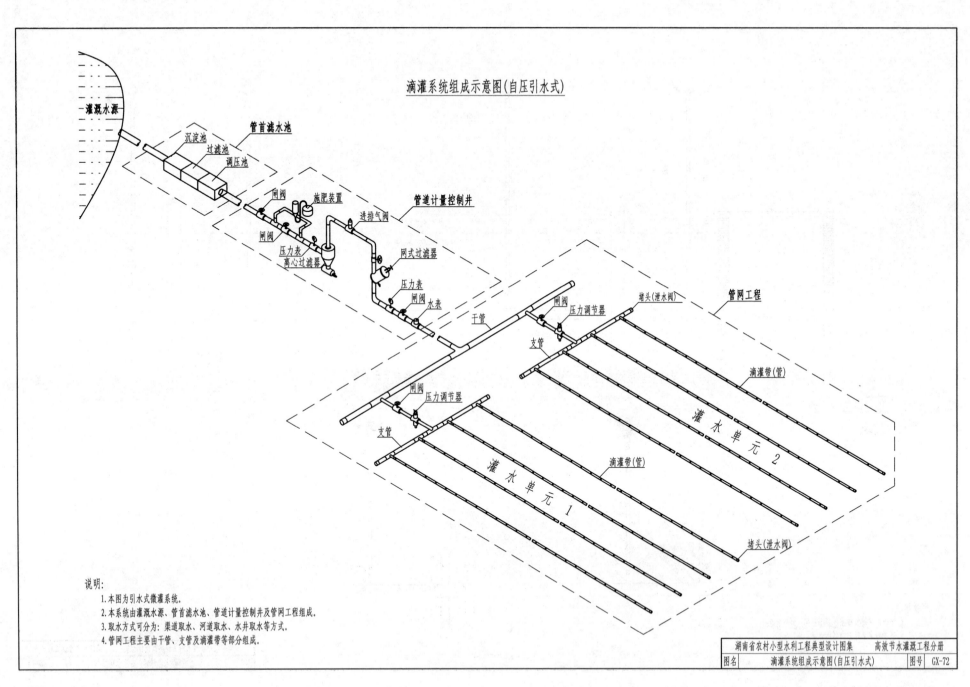

滴灌系统组成示意图(自压引水式)

说明:
1. 本图为引水式微灌系统。
2. 本系统由灌溉水源、管首滤水池、管道计量控制井及管网工程组成。
3. 取水方式可分为:渠道取水、河道取水、水井取水等方式。
4. 管网工程主要由干管、支管及滴灌带等部分组成。

湖南省农村小型水利工程典型设计图集		高效节水灌溉工程分册	
图名	滴灌系统组成示意图(自压引水式)	图号	GX-72

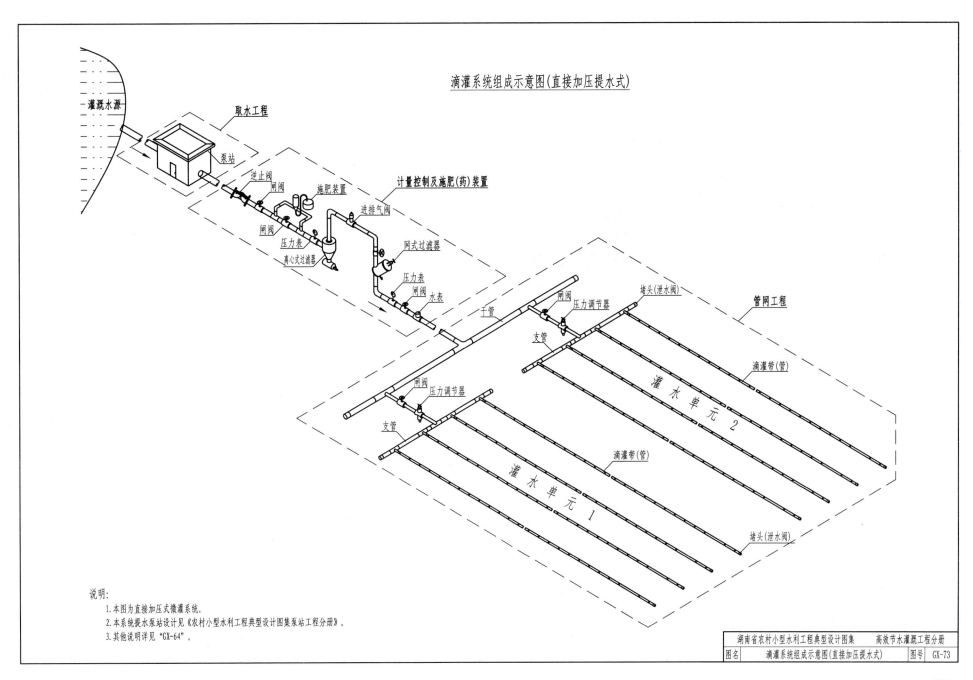

滴灌系统组成示意图(直接加压提水式)

灌溉水源

取水工程

泵站

逆止阀

闸阀

施肥装置

计量控制及施肥(药)装置

进排气阀

闸阀

压力表

离心式过滤器

网式过滤器

压力表

闸阀

水表

干管

管网工程

闸阀

压力调节器

堵头(泄水阀)

支管

滴灌带(管)

灌水单元2

闸阀

压力调节器

支管

滴灌带(管)

灌水单元1

堵头(泄水阀)

说明:
1. 本图为直接加压式微灌系统.
2. 本系统提水泵站设计见《农村小型水利工程典型设计图集泵站工程分册》.
3. 其他说明详见"GX-64".

湖南省农村小型水利工程典型设计图集		高效节水灌溉工程分册	
图名	滴灌系统组成示意图(直接加压提水式)	图号	GX-73

183

滴灌系统组成示意图(高位水池提水式)

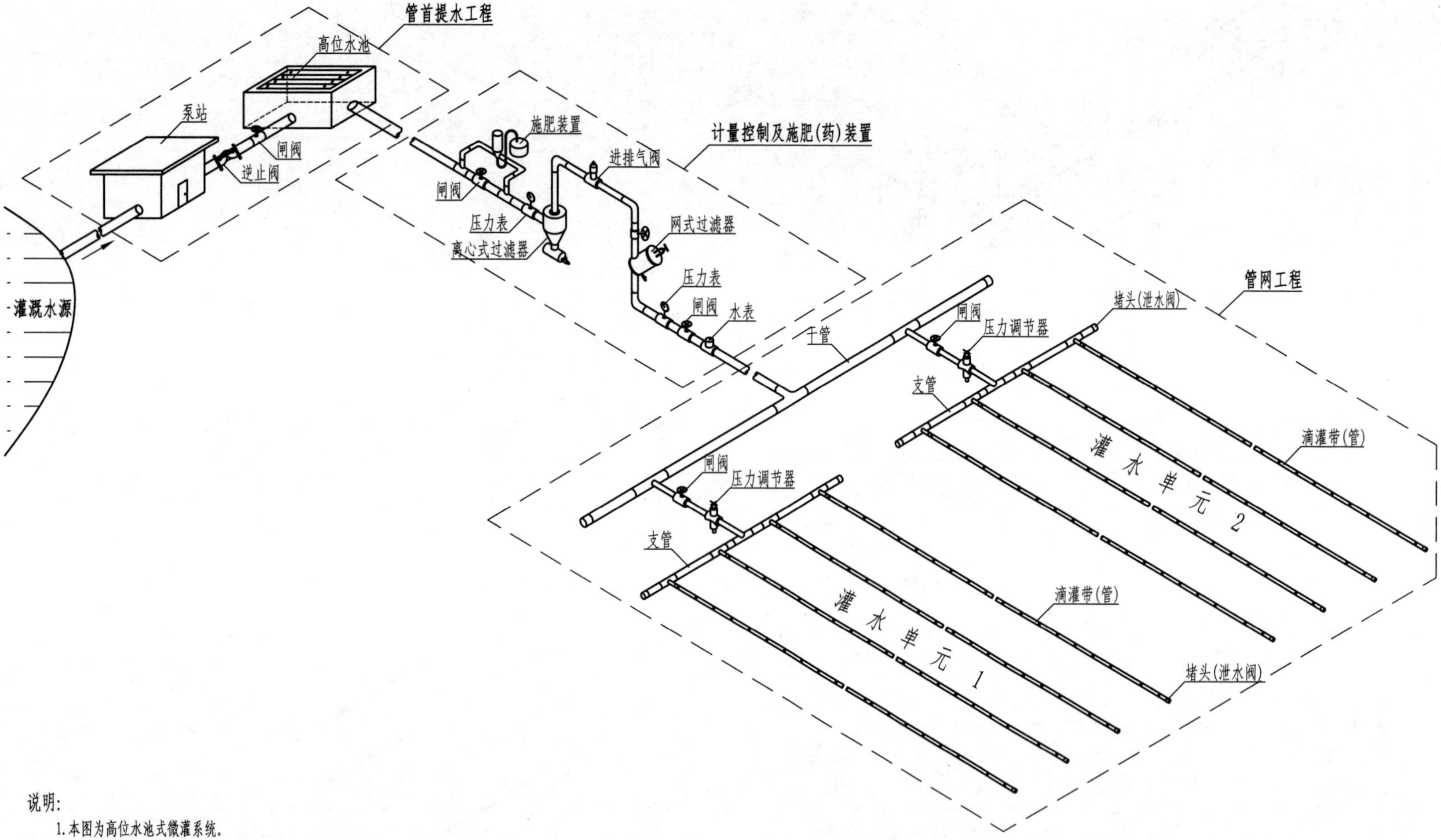

说明:
1. 本图为高位水池式微灌系统。
2. 本方案提水泵站设计见《农村小型水利工程典型设计图集泵站工程分册》,高位水池见
《农村小型水利工程典型设计图集雨水集蓄利用工程分册》。
3. 其他说明详见"GX-59"。

湖南省农村小型水利工程典型设计图集		高效节水灌溉工程分册	
图名	滴灌系统组成示意图(高位水池提水式)	图号	GX-74

184

单行毛管与绕树滴灌带(管)布置

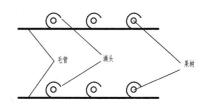

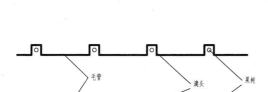

果树单行毛管带微管布置

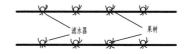

单行直线滴灌带(管)布置

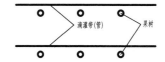

双行滴灌带(管)平行布置

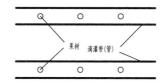

说明:
1.本组布置图为微灌系统中的毛管和灌水器的几种常见布置图。
2.管道布设原则:
    1) 微灌系统的管道一般分干管、支管和毛管等三级,布置时要求干、支、毛三级管道尽量相互垂直,以使
      管道长度和水头损失最小。
    2) 通常情况下,保护地内一般要求出水毛管平行于种植方向,支管垂直于种植方向。
    3) 毛管、滴灌带、微喷带均有铺设长度的限度,需要结合当地实际情况确定,一般不超过50m。

湖南省农村小型水利工程典型设计图集		高效节水灌溉工程分册
图名	滴灌毛管和灌水器布置图	图号 GX-75

185